Barbara von Roemer

Patchwork und Quilts

Barbara von Roemer

Patchwork und Quilts

Ein praktischer Lehrgang für kreatives Gestalten mit vielen Entwürfen, Beispielen, Anregungen und 250 Bildern

3. Auflage

Verlag Paul Haupt Bern · Stuttgart · Wien

Die Deutsche Bibliothek – CIP-Einheitsaufnahme

Roemer, Barbara von:
Patchwork und Quilts : ein praktischer Lehrgang
für kreatives Gestalten mit vielen Entwürfen, Beispielen, Anregungen und 250 Bildern /
Barbara von Roemer. – 3. Aufl.
Bern ; Stuttgart ; Wien : Haupt, 1994
ISBN 3-258-04936-X
NE: HST

Einleitung

Obwohl ich mich von früher Jugend an mit den verschiedensten Handarbeiten befasste, wäre mir die Idee, einen Quilt zu nähen, nie gekommen. Quilts, die ich von Museen her kannte, waren für mich kleine Kunstwerke aus längst vergangenen Zeiten, die ich bewunderte, ohne zu erkennen, wie gut sie auch in unsere heutige Zeit passen.

Durch einen zufälligen Besuch bei Mennoniten im amerikanischen Staat Pennsylvania, die in Ablehnung moderner Zivilisation jetzt noch genau so leben wie vor zweihundert Jahren, sah ich auffallend schöne Decken. Sie waren, genau wie damals, in einem kleinen Kreis von Mitgliedern der Sekte gemeinschaftlich entworfen, genäht und von Hand gesteppt worden. So konnte ich der Versuchung nicht widerstehen, einen Quilt zu nähen. Ich begann, mich zunächst an einfacheren, dann an komplexeren Patchwork-Mustern zu üben, und erkannte nach und nach, welche verblüffende Vielzahl von geometrischen Figuren in den gewagtesten Farbkombinationen möglich war. Ich übertreibe nicht, wenn ich sage, dass mich die schier unerschöpfliche Fülle von Gestaltungsmöglichkeiten in einen regelrechten Rausch versetzte. Und diese Faszination ist selbst nach langen Jahren und vielen Quilts noch nicht verblasst.
Was mir am Quilten ebenso gut gefällt, ist die Möglichkeit, ohne grosse Ausstattung und Kosten die Arbeit zu Hause ausführen zu können.

Wenn nur ein kleiner Teil der Bereicherung, die mir diese Arbeit gab und immer noch gibt, auf den Leser übergeht, hat sich die Absicht dieses Buches erfüllt.
Ich bedanke mich bei allen, die mir Unterstützung gewährten und Bildmaterial zur Verfügung stellten, insbesondere
Phyllis Haders, New York City, New York; Susan Hoffman, Brooklyn, New York; Klein-Ulmes Photograph, Piscataway, New Jersey; Maria McCormick-Snyder, Annapolis, Maryland; Dorle Stern-Straetter, Scarsdale, New York; Patricia Bacon und Cheryl McBride, Franklin Township Public Library, Somerset, New Jersey; Ägyptisches Museum, Kairo; Stonyhurst College, Lancashire; The Denver Art Museum, Denver, Colorado; The Stamford Historical Society, Inc., Stamford, Connecticut; Trustees of the British Museum, London.

Barbara von Roemer

Inhalt

GESCHICHTE

Der Begriff "Quilting" wird heutzutage mit einer solchen Selbstverständlichkeit mit Patchwork- oder Flickendecken in Beziehung gebracht, dass der Eindruck entsteht, die Techniken seien von jeher eng miteinander verbunden gewesen. Beide hatten jedoch ihren eigenen Ursprung und bestanden lange Zeit unabhängig nebeneinander. Erst vom 18. Jahrhundert an traten sie in Gemeinschaft auf, als man erkannte, in welch idealer Weise sie sich sowohl vom praktischen als auch vom ästhetischen Standpunkt her ergänzen. Eine historische Betrachtung sollte daher Quilting und Patchwork separat beleuchten.

Quilting

Die Spuren zum Ursprung des Quiltings führen uns zu den Hochkulturen des Vorderen Orients. Allerdings können wir nur ahnen, welcher Art die Impulse waren, die vor mehr als 6000 Jahren zu den ersten Quiltarbeiten führten. Dienten sie dazu, schwach gewordene Stoffe oder Felle zu verstärken? War es der Schutzeffekt, den man ganz bewusst anstrebte? Oder entdeckte man ihn als „Nebenprodukt", das vor extremen Temperaturen, Druck oder Aufprall schützt? Waren es zuerst Kleidung, Schlafunterlagen, Teppiche oder gar Kriegsrüstungen, denen die polsternden, isolierenden Eigenschaften des Quiltings erhöhte Widerstandskraft verliehen? Nach und nach diente das Quilting jedenfalls all diesen praktischen Anwendungen. Aber bald erkannte man, dass Quilting dem Stoff nicht nur Verstärkung und grössere Lebensdauer, sondern auch reiche Verzierung verlieh. Es ist diese besondere Kombination von Funktion und Dekor, die das Quilting auch heute noch so beliebt macht wie vor Jahrtausenden. Allerdings sind die alten, eindrucksvollen Quiltingmuster zunächst mehr aus nüchternen als aus künstlerischen Eingebungen entstanden. Schliesslich geben diagonale, runde, spiral- oder wellenförmige Nähte den Stoffauflagen mehr Festigkeit als solche, die parallel zur Geweberichtung verlaufen.

Nach und nach haben sich dann zunehmend verfeinerte Formen des Quiltings herausgebildet, die das Gewicht schliesslich vom Gebrauchsgegenstand zum Dekorationsobjekt verlagerten. So wurde Quilting am Ende zum Mittel, die handwerklichen und künstlerischen Fähigkeiten der Herstellerin zur Schau zu stellen.

So wie bei allen Handarbeiten die Suche nach Arbeitsersparnis oder nach neuartigen, wirkungsvolleren Effekten abgewandelte Techniken erschliesst, so haben sich auch beim Quilting unterschiedliche Stilrichtungen herausgebildet. Die frühen Arbeiten bestanden sicherlich aus zwei Stofflagen mit einer weichen Zwischenschicht. Die Nähte komprimieren die Wattierung. Sie erscheinen im Querschnitt wie V-Buchstaben, die die obere Stofflage mit

Furchen durchziehen und in kleine Felder einteilen. Später erkannte man, dass sich Quiltmuster nicht nur durch Einschnürungen, sondern auch durch Erhöhungen mit Füllern aus Schnüren gewinnen liessen, die man zwischen die beiden Stofflagen einführte. Hierdurch entstand ein ausgeprägter plastischer Effekt.
Leider sind Textilgewebe nicht beständig genug, um Witterungseinflüssen, Insektenbefall oder Abnutzung lange Stand zu halten. Es blieben deshalb kaum antike Quiltarbeiten erhalten. Doch existieren Beispiele der Bildhauerkunst aus dem Altertum, die uns einen Einblick in frühes Quilting gewähren. Eine aus Elfenbein geschnitzte Figur eines ägyptischen Pharaos der ersten Dynastie (etwa 3400 v. Chr. – Abbildung 1) unterstreicht durch die reiche Rautenverzierung des Umhangs die vornehme Herkunft des Trägers. Mit grosser Wahrscheinlichkeit wurden die erhabenen Umrisse der gefüllten Rauten mit Quilting gearbeitet und liefern so frühestes Beispiel dieser langbewährten Technik.
Ein anderes beeindruckendes Beispiel antiker Quiltingtechnik befindet sich im Besitz der Leningrader Abteilung des Archäologischen Instituts der Akademie der Wissenschaften der UdSSR. Es handelt sich um den 1924/25 durch die Koslov-Expedition entdeckten, etwa 2000 Jahre alten skytho-sibirischen Grabteppich. Er enthält ein Mittelstück mit feinem Quilting in Spiralmustern, die sich ihre Popularität bis in die heutige Zeit hinein erhalten haben. Der Rand enthält applizierte Tierszenen in hoher Vollendung.
Nach diesem Höhepunkt des Quiltings, das als verfeinerndes, dekoratives Element in textilen Schaustücken der obersten Gesellschaftsschicht zu hohen Ehren kam, sind vom nächsten Jahrtausend nur spärliche Zeugnisse dieser Technik erhalten.
Im 11. Jahrhundert fällt dem Quilting eine neue, weitaus elementarere Rolle zu: Man erkennt den hohen Schutzeffekt wattierter, gequilteter Waffenröcke. Jetzt wurden an das Quilting ganz andere Anforderungen gestellt. Statt Schönheit der Formgebung und minutiöser Details im Nahtverlauf wurden Reissfestigkeit und zähe Beständigkeit unter härtester Beanspruchung gefordert. Frühe Rüstungen wurden – neben Leder – aus gequiltetem Leinen oder Segeltuch gefertigt, die mit Wattierungen aus unterschiedlichsten Materialien versehen wurden. Quilting-Rüstungen wurden manchmal auch in Verbindung mit Metall-Rüstungen getragen, und zwar sowohl unter dem Metall (zum Schutz gegen Wundreiben) als auch über dem Metall (zur Abschirmung gegen intensive Hitze oder Kälte).

Gequiltete Panzer-Jacken wurden z.B. zusätzlich verstärkt, indem kleine Metall- oder Hornplatten zwischen die Stofflagen eingeschoben wurden. Aber mit dem Aufkommen von Schusswaffen verloren gequiltete Rüstungen an Wirksamkeit. Quilting schied jetzt weitgehend aus dem „Militärdienst" aus und wurde für vielerlei Anwendungen im „zivilen" Bereich eingesetzt, wie Kleidung, Gebrauchs- und Ausstattungsartikel im Haushalt. Jacken, Röcke und Kappen wurden gequiltet, aber auch Vorhänge und besondere Bettdecken. Neben Leinen waren Seide und Satin die bevorzugten Stoffe, die man kunstvoll bestickte und mit feinsten Quiltmustern versah.
Aber wegen der relativen Anfälligkeit von Textilien wurden die meisten Stücke aus der Zeit vom 14. bis 17. Jahrhundert durch Gebrauch verschlissen, so dass sie leider nur selten in den Kollektionen der Museen anzutreffen sind.
Der immer mehr ins Gewicht fallende Handel mit Indien brachte neue Ideen und Güter. Bis dahin unbekannte Finessen der Ausführung und neuartige Stoffe, Farben, Garne und Drucke schufen Auflockerung und erweiterte Gestaltungsmöglichkeiten.

Abb. 1 Fragment, geschnitzte Elfenbeinstatue eines ägyptischen Pharaos, etwa 3400 v. Chr.
Die Dekorationen des Umhangs, der zum Sed-Fest getragen wurde, bestehen aus Quilting mit Stickereien.
(The British Museum, London)

Es entstanden Quilting-Arbeiten mit andersfarbigen Garnen auf einfarbigen Leinen-, Baumwoll- oder Wollstoffen. Die Muster umfassten Kombinationen althergebrachter, geometrischer und frei entworfener Figuren, die von alltäglichen Eindrücken beeinflusst wurden und die von Land zu Land verschieden waren.
Quilting gewann weiter an Bedeutung. Bisher erreichte kein anderes Material eine so ungewöhnliche Verbindung positiver Eigenschaften, die elegantes Aussehen und geschmeidige Elastizität bei gleichzeitigem Schutz vor Stoss oder extremen Temperaturen bot. Quilting beschränkte sich nicht mehr auf die Person, sondern diente der Aus-Kleidung schlechthin: Kästen und Kleidertruhen, Schränke, Schubladen, Wandverkleidung, Kutschen usw. Mehrere Stofflagen wurden mit einfachen Quiltinglinien versehen oder übereinandergelegt und mit Nägeln gequiltet.

Im 18. Jahrhundert nahm die Vorliebe für Quilting als Wärmeschutz und Zierde bei Kleidern merklich zu. Grösserer Wohlstand ermöglichte eine reichere Ausstattung der Garderobe. Modische Trends wurden stärker beachtet. Kleidungsstücke, die nicht mehr aktuell waren, wurden grosszügiger ersetzt.
Da keine bahnbrechenden Ideen aufkamen, wurden vorhandene Techniken in höchstem Masse verfeinert. Mützen, Jacken, Mäntel, Kinderkleidung und vor allem Unterröcke wurden in üppiger Weise mit Quilting und Stickerei verziert. Sie wiesen eine erstaunliche Perfektion der Ausführung auf; selbst kleinste Details wurden mit peinlicher Sorgfalt beachtet.
Viele Kleidungsstücke wurden massgequiltet, mit Mustern, die vollkommen mit dem Schnittverlauf harmonierten. Alle bekannten Varianten von einfachem wattierten bis Trapunto-Quilting wurden grosszügig eingesetzt und oft miteinander kombiniert.
Quilting wurde gewerblich vertrieben; es wurde nicht nur als Auftrag ausgeführt, sondern als Fertigkleidung oder vorgequiltete Meterware in ganz Europa gehandelt.
Aber genau so steil, wie Quilting als eleganter Modetrend auf die höchste Stufe gesellschaftlicher Anerkennung emporstieg, fiel es im nächsten Jahrhundert auf das Niveau alltäglicher Anwendungen zurück. Plötzlich stand nicht mehr der dekorative Effekt, sondern der praktische Wärmeschutz im Vordergrund.

Quilting an Unterröcken und anderer Kleidung wurde jetzt von der Landbevölkerung bevorzugt, besonders in kalten Regionen, wo die leichten dürftigen Stoffe der aktuellen Stadtmode nicht ausreichten. Die Ausführungen waren weitaus spärlicher, Qualität und Ausmass an Verzierungen gingen zurück. Quilting wurde Bestandteil von Schutz- und Arbeitskleidung und büsste seinen exklusiven Charakter ein. Seine Herstellung war nicht länger dem Experten vorbehalten, sondern wurde jetzt von jedermann im eigenen Haushalt vorgenommen, manchmal sogar in Heimarbeit gegen Bezahlung. Mädchen wurden von frühester Kindheit an zum Quilting erzogen und wuchsen mit völliger Selbstverständlichkeit in diese Tätigkeit hinein. Bei den gequilteten Bettdecken war die Entwicklung ähnlich. Auch bei ihnen überschritten Quilting und Stickerei im späten 18. Jahrhundert den Grad höchster Vollendung. Die feinen Stickereien und dichten Quiltingmuster wurden nach und nach von Applikationen und Patchwork abgelöst. Arbeitserleichterung, aber auch eine gewisse Ermüdung aufgrund der ständigen Wiederholung altbekannter Stile, verschafften der neuen Technik spontanen Zuspruch, besonders in Amerika. Die dekorativen Effekte liessen sich jetzt schneller und eindrucksvoller mit sparsamstem Materialeinsatz aus Resten erzielen. Sie wurden durch einfachere, aber sorgsam geplante Quiltinglinien unterstrichen. Quilting verlor seine Funktion als Alleinbestreiter einer Ornamentierung, die sich nur durch übermässigen Arbeitsaufwand erreichen liess. Es verfiel in die natürlichere Rolle, ergänzend und betonend zu wirken. Die Synthese von Patchwork und Quilting war vollzogen.

Patchwork

Patchwork umfasst, im weitesten Sinne, Handarbeiten aus Stoffresten. Sie können aneinandergenäht werden („pieced"). Hierdurch entsteht eine neue Stofffläche – die reinste Form des Patchworks. Oder sie können auf einen Basisstoff aufgenäht, appliziert, werden.
Das erste Patchwork war sicherlich eine Form von Applikation und entstand aus der schlichten Notwendigkeit, eine schadhafte Gewebestelle auszubessern. Aber es ist kennzeichnend für den menschlichen Erfindungsreichtum, dass er stets versucht, etwas Unvollkommenes in einen Vorteil umzuwandeln, aus der Not eine Tugend zu machen; so auch hier. Applizierte Flicken wurden mit wertvollen Stoffen oder schönen Formen und Farben so lange verfeinert, bis sie Selbstzweck wurden und nur noch der Verzierung dienten.
Man erkannte, dass sich aufwendige Stickerein durch Applikationen wirksam ersetzen oder ergänzen liessen, besonders bei grossflächigen Figuren oder bei angestrebter schärferer Kontrastierung.

Das wohl älteste Beispiel antiken Patchworks ist die Baldachindecke (Abbildung 2) im ägyptischen Museum in Kairo (etwa 980 v. Chr.). Sie besteht aus gefärbtem Gazellenleder und diente festlichen Anlässen; sie enthält viele der Kartuschen, Skarabäen und Symbole Ägyptens.
Die Sir Aurel-Stein-Expedition entdeckte anfangs dieses Jahrhunderts in der Serindia Region Indiens, in den Höhlen der „Tausend Buddha", eine Kapelle mit einer bedeutenden Sammlung von Textilien aus dem 6. bis 9. Jahrhundert. Sie brachte u. a. ein Altargehänge aus Patchwork zutage, das aus rechteckigen, vielfarbig gemusterten Stoffteilen zusammengesetzt war. Es erinnert nicht nur in der Form- und Farbkomposition, sondern auch in der Nahtausführung an die Arbeiten der letzten hundert Jahre.
In Europa gaben die Kreuzzüge Impulse für eine schwungvolle Entfaltung textiler Kunst. Die kostbaren Waren aus Syrien, die sich über ganz Europa ausbreiteten, weckten grosses Interesse an den schönen Geweben in beeindruckenden Farben. Der Handel, der bald mit Italien, Spanien und Frankreich florierte und sich schliesslich bis nach Indien und China erstreckte, bereicherte das bescheidene Angebot inländischer Leinen- und Wollstoffe um Seiden- und Baumwollgewebe. Hinzu kamen neuartige Stickereien in nie zuvor gekannten Ausführungen. Patchwork- und Quiltingtechniken setzten sich

Abb. 2 Antike ägyptische Baldachindecke aus gefärbtem Gazellenleder; sie diente einer ägyptischen Königin zu festlichen Anlässen.
(Ägyptisches Museum, Kairo)

jetzt in allen westlichen Ländern durch und erschienen auf den Standarten der Kreuzzügler, auf Bannern und Umhängen.

In Spanien profitierte die Kunst unter dem Einfluss der Mauren. Es entstanden kunstvolle Gehänge aus Seiden- und Samtapplikationen. Am spanischen Hof trug man Kleidung, die reich mit Stickereien und Applikationen verziert war.

Man schreibt es dem Maler Botticelli (Florenz 1446 bis 1510) zu, die Verwendung von Applikationen für die Kirchenausstattung (z. B. Vorhänge) in Italien sehr gefördert zu haben, bis sie schliesslich durch die heute so berühmten Wandgemälde und Tapisserien abgelöst wurden.

Patchwork ist besonders in England zu hohen Ehren gekommen. Eines der ältesten Beispiele applizierter Arbeit ist die Darstellung eines Ritters (Abbildung 3), der in voller Rüstung auf einem Pferd sitzt (im Besitz des Stonyhurst College, etwa 13. Jahrhundert).

Viele Arbeiten der Frühzeit wurden der Kirche gewidmet und waren reich mit Gold- und Silberfäden durchsetzt.

Die schönsten Kombinationen von Patchwork und Stickerei, die sich heute in vielen Museen befinden, stammen aus der Zeit Heinrich VIII. Handarbeiten genossen höchstes Ansehen und zählten selbst Königinnen zu ihren begeisterten Verehrerinnen, z. B. Mary Stuart oder Queen Elizabeth.

Abb. 3 Applizierte Stickereien. Ritter, auf einem Pferd sitzend, etwa 13. Jahrhundert.
(Stonyhurst College, England)

Von den ersten Quilts, die englische und holländische Siedler im 17. Jahrhundert als Teil ihres Hausrates nach Amerika mitbrachten, blieben keine erhalten. Aber warum sollten sie anders gewesen sein als die damaligen Quilts ihrer Heimat? Wir müssen sie uns daher farblich blass vorstellen, lediglich mit Quilting und Stickerei verziert und mit einem Oberteil, das aus einem Stück gefertigt war. Diese Quilts wurden immer wieder geflickt, bis sie fast nur noch aus Flicken bestanden. An die Beschaffung neuer Quilts war nicht zu denken. Einheimische Woll- oder Flachsstoffe gab es noch nicht. Importierte Gewebe waren nur schwer erhältlich und zu kostbar, um sie für eine Bettdecke zu opfern. Also wurden die besser erhaltenen Teile alter Kleidung oder anderer Stoffe in unregelmässigen Formen ausgeschnitten und wahllos, „crazy", zusammengesetzt, mit nur einem Ziel: So schnell wie möglich ein grösseres Tuch herzustellen. Auf das Aussehen kam es kaum an. Es blieb dem Zufall überlassen und ergab dann das verrückte Bild des Crazy-Quilts. Man mass dem frühen Quilt so wenig idellen oder kommerziellen Wert bei, dass er in den schriftlichen Überlieferungen jener Zeit, in den Briefen oder Testamenten nicht erwähnt wurde.

Abb. 4 Verrückter Quilt (Crazy Quilt). Gearbeitet aus Seide und Samt. New York 1888.
(Phyllis Haders, New York)

Abb. 5 Quilt aus verschiedenen Musterquadraten (Sampler). Die Quadrate wurden in Seide gearbeitet und danach aneinander gereiht. Boston, etwa 1850.
(Phyllis Haders, New York)

Als nächstes entstand der „tied" („geknüpfte") Quilt, die Urform des amerikanischen Quilts. Er wurde aus angestückelten Resten gemacht und bestand aus zwei Lagen und einer Füllung aus Gras oder Maishülsen. Mit dickem Faden, oben und unten geknotet, wurden die drei Lagen zusammengehalten. In zeitgenössischen Beschreibungen wurden ihm traurige Farben nachgesagt, womit aber nicht etwa Trauerfarben, sondern die dunklen Rot-, Blau-, Grün- oder Grautöne gemeint waren, die die Pilgrims bevorzugten.
Mit beginnender Lockerung der religiösen Sitten und stärkerer Hinwendung zu weltlichen Genüssen kamen intensive, helle Farben in Mode. Sie gelangten im 17. Jahrhundert durch den ausgedehnten Indienhandel nach Europa und wurden nach Amerika eingeschleust, allen Verboten Englands zum Trotz. Aber diese Stoffe waren viel zu teuer, um sie als Basismaterial für Quilts einzusetzen.
Man verwendete sie in kleinen Stücken als Applikationen, um so z.B. Blumen- oder Tierszenen fast ebenso wirkungsvoll, aber mit weniger Arbeitsaufwand darzustellen als durch mühevolle Stickereien.
Wichtiger noch: Die neuen Stoffe boten mit ihrer breiten Auswahl an Farben und Mustern die Voraussetzung für die phänomenale Entfaltung

Abb. 6 Dorf-Quilt (Village Quilt). Baumwolle.
New Jersey, etwa 1860.
(Phyllis Haders, New York)

Abb. 7 Veränderlicher Stern (Variable Star). Etwa 2.300 kleine Stoffteile in einer Vielzahl von Baumwolldrucken von Hand zusammengenäht und gesteppt. 195 x 215 cm. Pennsylvania, etwa 1880.
(Im Besitz der Autorin)

Abb. 8 Diamant (Diamond). Wollstoff. 203 x 203 cm. Lancaster County, Pennsylvania, etwa 1900.
(Phyllis Haders, New York)

Abb. 9 Patriotischer Adler (Patriotic Eagle). Applizierte Baumwolle. Pennsylvania 1886.
(Phyllis Haders, New York)

der amerikanischen Patchworkquilts, wie wir sie kennen. Wie ein Lauffeuer verbreitete sich in Amerika ein neuer, bis dahin unbekannter Handarbeitsstil. Ein Muster wurde in einem kleinen Quadrat - einem Block - eingefangen und nach Belieben über die Gesamtfläche dupliziert. Die Zusammenreihung setzte die Blocks optisch in Bewegung, erfüllte sie innerhalb einer übergeordneten Geometrie mit Leben. Sie fingen an zu schwingen, zu pulsieren, zu strahlen. Sie erinnern in symbolischer Weise an die amerikanische Realität, in der die Person, im Kampf mit der Natur auf sich allein gestellt, machtlos war und erst in der Gemeinschaft, im Zusammenspiel aller Kräfte, voll wirksam werden konnte.
Wenn wir heute die amerikanischen Patchworkquilts betrachten, verraten sie uns nichts über den erbitterten, bis an die Grenze der menschlichen Kraft gehenden Existenzkampf, der den Hintergrund zu ihrer Entstehung bildet. Sie strahlen sprühende Vitalität aus. In frohen Farben und ausgewogenen Mustern bekunden sie ein positives Lebensgefühl, das über alle Härte des Alltags triumphiert. Man wählte entweder eines der bekannten Muster oder schuf selbst ein neues, schnitt dann alle Teile auf einmal aus und nähte die Blocks, wenn man Zeit fand. Dieses verblüffend einfache System vorgefertigter, austauschbarer Teile sparte Zeit, Material und Platz. Obgleich seiner Zeit voraus, fing hier bereits jenes

typisch amerikanische „down to earth“-Denken an, aus dem sich später die Idee der Fliessbandarbeit und industriellen Rationalisierung entwickeln sollten.
Gleichzeitig gewährte der „pieced“ Quilt dem Drang nach individueller Gestaltung unbegrenzten Spielraum.
Charakteristisch für die Siedlerjahre ist auch die „quilting bee“. Sie lieferte die Rechtfertigung für geselliges Beisammensein der Frauen in einer Zeit, die wenig Musse tolerierte. Sie erledigten so eine nützliche, aber sehr zeitraubende und monotone Arbeit schnell und auf angenehme Weise.
Bei einer „quilting bee“ wurde das Quilting gemeinsam im Freundeskreis vorgenommen und dauerte manchmal mehrere Tage (die Anreise war oft lang und beschwerlich). Abends gesellten sich nicht selten die Männer dazu, und es entwickelte sich oft ein Fest daraus mit Essen, Singen und Tanzen.
Ein Mädchen besass dreizehn Quilts: Zwölf für den alltäglichen Gebrauch und den dreizehnten, in besonders prachtvoller Ausführung, als Brautquilt.
Den Quilts wurde hoher Prestigewert beigemessen. Sie galten als Sinnbild für die vielen manuellen Fertigkeiten, die man den Frauen damals abverlangte, sowie für weibliche Tugenden schlechthin. Ein gut gelungener Quilt war sozusagen das „Gesellenstück“ der harten Tauglichkeitsprüfung als Siedlerfrau. Dementsprechend standen talentierte Quiltnäherinnen in hohem Ansehen, ihre Kreationen wurden viel gerühmt und oft kopiert.
Verglichen mit den Abwechslungen und mannigfaltigen Freizeitbeschäftigungen, die sich uns heute bieten, können wir uns nur schwer vorstellen, dass Quilts eine so zentrale Stellung einnehmen konnten. Aber in einer Welt, die alle Kräfte der physischen Existenzbehauptung verschrieb, galt künstlerische Betätigung ohne praktischen Nutzen als Verschwendung.
Für die elementaren Alltagsbedürfnisse kamen die Frauen so gut wie allein auf. Sie webten, sponnen und nähten die Kleidung für die ganze Familie. Tag für Tag sahen sie sich einer Kette endloser Pflichten ausgesetzt, die ihr Leben wie in ein hartes, unnachgiebiges Korsett schnürten. Nur der Quilt bot ihnen eine Ausflucht aus dieser starren Struktur des Siedlerlebens, bei dem alle persönlichen Neigungen und Bedürfnisse unterdrückt und dem Wohl der Familie geopfert wurden.
Denn die Beschäftigung mit einem Quilt, der am Ende zur wärmenden

Abb. 10 Lizzies Freundschaftsquilt (Lizzie's Friendship Quilt). Aus Wollstoff und Baumwolle gearbeitet. Etwa 168 × 193 cm. Topeka, Indiana 1899. (Phyllis Haders, New York)

Abb. 11 Neun Flicken (Nine Patch). Amish-Quilt. Wollstoff. Etwa 200 x 205 cm. Lancaster County, Pennsylvania, etwa 1910.
(Phyllis Haders, New York)

Bettdecke wurde, war moralisch vertretbar. So wurde er zum Sammelpunkt der kreativen Energie. Er war – wie ein Gemälde – Sprache in Farben und Formen, das Ventil der gestauten Gefühle und wurde zum Refugium für Stunden der Besinnung oder des Trostes. Dies trifft in stärkerem Masse für den „pieced" Quilt zu. Bestickte oder applizierte Quilts bewegten sich eher innerhalb der konventionellen Normen: Sie betonten das Ornament, dienten mehr dem Effekt.
Dennoch empfanden die Frauen, die uns die schönsten „pieced" Quilts hinterliessen, ihre Arbeit nicht als Kunst. Die vollendete Ausgewogenheit von Farben und Linien und die oft fast unüberschaubar komplexe Geometrie waren mehr Ausdruck eines schönen Gefühls als das Ergebnis systematischer Planung.

Betrachten wir amerikanische Quilts, dann erzählen sie uns, wie ein Bilderbuch, die Geschichte des Landes und seiner Bewohner. Ihr Stil verrät uns etwas über das Temperament ihrer Hersteller – den Ernst der Amish oder Pennsylvania Dutch, die schlichte Vornehmheit der Neu-Engländer, die Eleganz der Südstaatler.
Anhand der Qualität des Stoffes können wir uns die wirtschaftlichen Bedingungen zum Zeitpunkt seiner Entstehung vorstellen.
Die vielen Namen der Quilting-Blocks beschreiben Ereignisse und Begriffe, die die Menschen zu ihrer Zeit beschäftigten.

Der amerikanische „pieced" Quilt ist genauso einzigartig, wie die Bedingungen, unter denen er entstand. Er stellt eine in sich abgeschlossene Einheit kreativen Schaffens dar. An seiner reichen Tradition richtet sich noch immer die Mehrzahl der Quilts aus, die heute entstehen, trotz ihrer veränderten Rolle: Der Zwang, in erster Linie einen dauerhaften Gebrauchsgegenstand zu fertigen, ist der Freiheit gewichen, weder an die Funktion noch an die traditionelle Geometrie gebunden zu sein. Hierdurch öffnet sich der Weg zum modernen Quilt, der mit neuartigen Farb- und Formkonzeptionen die Gegenwart einzufangen versucht.
Ein Stück dieses Weges zu erschliessen, ist ein wesentliches Anliegen dieses Buches.

Abb. 12 Blockhaus-Variante I (Log Cabin Variation I). Gearbeitet aus Baumwolle. Etwa 185 x 185 cm. 1978. (© Maria McCormick-Snyder, Annapolis, Md.)

Abb. 13 Sonnenschein und Schatten (Sunshine and Shadow). Amish-Quilt. Wollstoff. Etwa 210 × 205 cm. Lancaster County, Pennsylvania, etwa 1870. (Phyllis Haders, New York)

Abb. 14 Eine Erfindung im Sinne von J. S. Bach (An Invention in The Spirit of J. S. Bach). Verschiedenfarbige Stoffteile mit der Maschine genäht, von Hand gesteppt. 210 x 230 cm. 1975.
(Susan Hoffman, New York)

DAS PLANEN EINES QUILTS

Was ist ein Quilt?

Ein Quilt ist eine seinerzeit aus Notwendigkeit entstandene Flickendecke. Seine Geschichte ist zwar weitaus älter, aber er erreichte lebenswichtige Bedeutung und weiteste Verbreitung unter den Siedlern Nordamerikas. Zunächst wahllos aus beliebig kleinen Flicken zusammengesetzt, waren die frühen Decken wenig kunstvoll und rein ihrem Verwendungszweck als Bettdecke gewidmet.
Sehr bald begann man, Quilts eine persönliche Note zu verleihen. Innerhalb weniger Jahrzehnte wurden sie zum Spiegelbild menschlichen Empfindens und sagen heute mehr aus über die reiche Gefühlswelt der Siedlerfrauen Amerikas als Worte, mit denen man damals nur sparsam umging.

Quilts sind zeitlos, auch wenn sich Stoffe, Farben, Formen oder gewisse Techniken ändern mögen. So gibt der moderne Quilt das Gestaltungsempfinden der heutigen Zeit wieder, bleibt aber in einer wesentlichen Eigenschaft unverändert: Das Dekorative in idealer Weise mit dem Nützlichen zu verbinden, ohne den Anfänger zu überfordern oder den schöpferischen und handwerklichen Fähigkeiten des Könners die geringste Beschränkung aufzuerlegen.
Wenn ich einen Quilt entwerfe, stelle ich mir zuerst folgende Fragen: Soll der Quilt einen bestimmten Zweck erfüllen? Muss er eine bestimmte Grösse haben? Soll er als Bettdecke oder Wandbehang dienen? Wird er als Geschenk verwendet, das farblich in einen bestimmten Raum passen muss? Oder möchte ich meinen Eingebungen freien Lauf lassen und ganz ungebunden ins Blaue hinein arbeiten, ohne einen speziellen Anwendungszweck im Auge zu haben? Mein „Mosaik"-Quilt (Abbildung 15) war ein solches Projekt, bei dem ich nicht nur das traditionelle Quadrat frei gestaltet, sondern auch mit einer ungewöhnlichen Vielzahl von Stoffen in den verschiedensten Farben gespielt habe. Das Experiment gelang: Das Morris Museum of Arts and Sciences in Morristown N.J. zeigte den Quilt in einer Ausstellung und erwarb ihn anschliessend für die eigene Sammlung.

Es empfiehlt sich, zu Beginn eines Projekts genau zu überlegen, was Sie an Geduld, Wissen und Zeit investieren wollen. Den Umfang Ihrer Arbeit legen Sie dann entsprechend fest. Nichts ist entmutigender, als ein Quilt, den man wegen zu grosser Schwierigkeiten oder zu vieler Einzelteile nie fertig näht.
Quiltkurse, die ich von Zeit zu Zeit abhalte, haben mich gelehrt, dass ein kleines, überschaubares Projekt – ein Wandbehang oder eine Kinderdecke für Anfänger ideal ist. Sie können so in Ruhe alle nötigen Schritte erlernen, ohne entmutigt zu sein, wenn der erste Versuch nicht gleich vollkommen gelingt. Führen Sie die Arbeit aber zu Ende, sind Sie stolz darauf und beginnen voll Spannung und Freude einen neuen, grösseren und komplizierteren Entwurf.

Für die Anfertigung eines Quilts gelten folgende Grundregeln:

1. Ein Quilt besteht aus der dekorativen Patchworkfläche, einer Füllung und der Rückseite. Alle drei Lagen werden mit einem feinen Steppmuster Ihrer Wahl zusammengehalten.
2. Die Vorderseite kann je nach Geschmack Patchwork- oder Applikationsarbeit, eine Kombination von beiden oder aber eine kunstvolle Stickerei sein.
3. Entscheidet man sich für Patchwork, wählt man das Muster und die Farbkombination.
4. Danach werden die Schablonen angefertigt, die Stoffmenge berechnet, und es kann mit dem Zuschneiden begonnen werden. Jede Schablone wird im entsprechenden Stoff so oft zugeschnitten, wie sie zur Fertigstellung der ganzen Vorderseite gebraucht wird.
5. Mit der Maschine oder von Hand werden die Teile in vorgezeichneter Reihenfolge zusammengenäht: Zuerst in Vierecken, dann zu Reihen und danach Reihe an Reihe, bis die gesamte Patchwork-Vorderseite fertiggestellt ist.

6. Anschliessend wählt man ein Quiltmuster, das mit den Patchworkfiguren harmoniert. Man überträgt es mit gut gespitzter Schneiderkreide oder weichem Bleistift – je nach Farbe des jeweiligen Stoffes – auf die fertige Arbeit.
7. Die letzte Stufe umfasst das Zuschneiden der Füllung und des Futterstoffes für die Rückseite und das folgerichtige Aufeinanderlegen der drei Lagen. Die Reihenfolge ist wichtig: Rückseite, Füllung, obenauf das Patchwork. Die drei Lagen werden geheftet und mit feinen Stichen, dem Quiltmuster folgend, miteinander verbunden. Zuletzt werden die Kanten versäubert.

Die Grösse der Arbeit

Der Arbeitsaufwand eines Projektes hängt nicht nur vom äusseren Umfang ab. Es wird vor allem von der Anzahl der Einzelteile bestimmt, die man nachzeichnen, ausschneiden und zusammennähen muss. Will man eine Decke für ein Einzelbett im Umfang von sechs Vierecken Breite und acht Vierecken Länge nähen, ergibt das 48 Vierecke. Hat jedes Viereck etwa zwölf Teile, müssen 576 Stücke zusammengefügt werden. Wählt man vergleichsweise eine Schossdecke mit vier Vierecken in der Breite und sechs in der Länge und enthält jedes Viereck 36 Stücke, so hat man mit 864 Stücken sehr viel mehr zu nähen, auch wenn die Gesamtoberfläche dieser Decke wesentlich kleiner ist.
Die letzte Entscheidung, wieviel Zeit investiert werden kann, muss jeder selbst treffen. Ich habe nach einigen Jahren Praxis eine Regel aufgestellt: 350 bis 600 Teile ist ein Projekt, das ich in absehbarer Zeit schaffe, 600 bis 800 Teile ist bereits sehr umfangreich, und ehe ich einen Quilt mit über 900 Teilen anfange, überlege ich mir gründlich, ob ich die Zeit dazu habe und ob die Arbeit eilt.

Abb. 15 Mosaik (Mosaics). Vielzahl von Baumwollstoffen; zusammengenäht mit der Maschine, gesteppt von Hand. 160 x 130 cm. 1976.
(Entwurf der Autorin, Morris Museum of Arts and Sciences, Morristown, N. J.)

Mit welchem Projekt man immer beginnen möchte, hängt von den persönlichen Wünschen und Vorstellungen ab. Wenn es ein Wandbehang werden soll, bestimmt der vorhandene Platz den äusseren Umfang der Arbeit. Soll es eine Decke für ein Kinderbett werden, sind die Masse 100 x 150 cm gerade richtig, damit das hübsche Stück auch lange genug benutzt werden kann. Eine Schossdecke ist im Quadrat von 150 x 150 cm ideal, um schön warm zu geben. Bettdecken richten sich nach der Grösse der Matratze. Ich versuche, das Patchwork in der Grösse der Matratze zu machen, und entwerfe dazu eine passende Borte, die etwa 40 bis 50 cm an den Seiten herunterhängt. Fällt das Patchwork kleiner aus als die Matratze, können mehrere Borten aneinandergenäht werden, bis die richtige Grösse erreicht wird. Manche antike Betten stehen sehr viel höher als die modernen, so dass es unmöglich ist, allgemeingültige Angaben zu machen.

Nähen mit der Maschine oder von Hand?

Auch wenn früher alle Patchwork- und Quiltarbeiten von Hand ausgeführt wurden und uns heute die Nähmaschine viel Arbeit erspart, können wir dennoch wählen. Ich bin sicher, dass es unter Ihnen Freunde perfekter Handarbeit im traditionellen Sinne gibt, die nichts schöner finden, als mit präzisen, unsichtbaren Stichen die kleinen Teile zu wahren Meisterwerken zusammenzufügen. Dann gibt es aber auch diejenigen, die mehr Befriedigung in der künstlerischen Gestaltung finden und die das eigentliche Nähen in möglichst kurzer Zeit erledigen möchten. Wir können also unseren Vorlieben freien Lauf lassen, die Entscheidung liegt bei uns. Man muss allerdings erkennen lernen, welche Formen gut mit der Maschine genäht und zusammengepasst und welche Quadrate besser von Hand genäht werden, um das bestmögliche Resultat zu erzielen. Applizierte runde Formen, kombinierte Figuren von Patchwork und Applikationen und geometrische Formen mit scharfen Winkeln sollten von Hand genäht werden. Ein schönes Muster, mit feinen, unsichtbaren Stichen appliziert, kann die wahre Krönung eines Quilts sein.

DIE VERSCHIEDENEN PATCHWORKQUADRATE UND -ENTWÜRFE

Patchworkquadrate

Betrachtet man die Viehlzahl der Patchworkquadrate und die unerschöpflichen Möglichkeiten der Applikationen, fällt die Wahl beim ersten Projekt sicher ungemein schwer. Vielleicht haben Sie in einem Museum eine Decke gesehen, die Sie gern nacharbeiten möchten, oder es schwebt Ihnen eine Phantasieform für eine Applikationsarbeit vor? Was immer Ihre Wünsche sein mögen, ich schlage als erste Arbeit ein Patchwork vor, das weder so schwierig ist wie Abildung 16 noch so einfach wie Abbildung 17 und 18. Das eine erfordert weder eine Variation von verschiedenen geometrischen Formen noch eine besondere Farbkombination oder interessante Hell- und Dunkeleffekte, und das andere ist mit 48 Stücken pro Quadrat für den Anfänger zu schwierig.
Bei einem durchschnittlich schwierigen Patchworkquadrat werden alle Arbeitsgänge einbezogen; sie bilden eine unerlässliche Grundlage für alle weiteren Entwürfe.

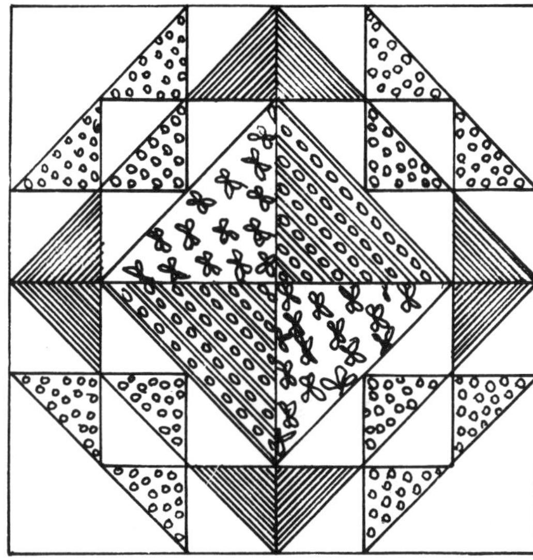

Abb. 16 Mais und Bohnen (Corn and Beans)

Abb. 17 Treffen oder Verfehlen (Hit or Miss)

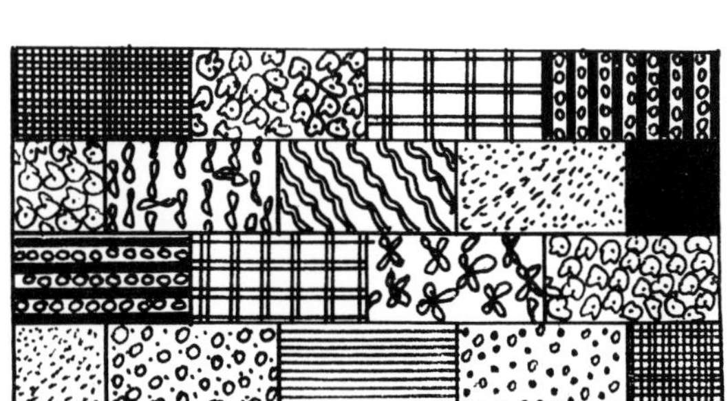

Abb. 18 Ziegelmauer (Brick Wall)

Die traditionellen Quadrate, die ich in diesem Kapitel aufgezeichnet habe, eignen sich alle für das Nähen mit der Maschine. Die winkligen Nähte wurden durch entsprechende Teilung der grossen Stücke dem Maschinennähen angepasst. Zwar sind dadurch einige zusätzliche Teile zu nähen, aber der Aufwand lohnt sich auf jeden Fall, weil das sehr schwierige Anstücken im Winkel vollkommen entfällt.
Einige besonders gekennzeichnete Quadrate sollten nur von Hand gearbeitet werden (Abbildungen 181 bis 192).

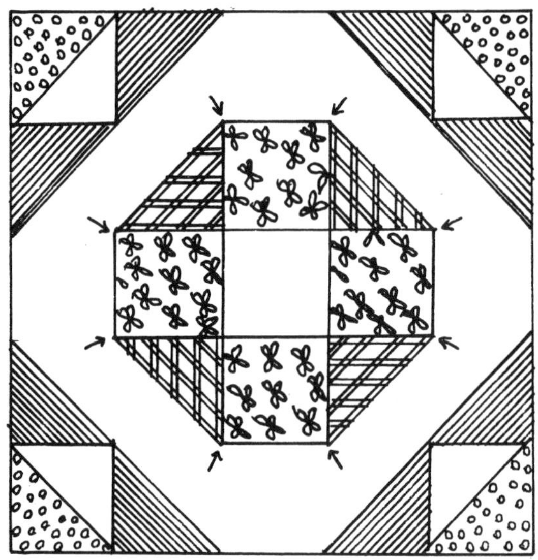

Abb. 19 Eheringe (Wedding Rings). Für traditionelles Nähen mit scharfen Winkeln.

Es folgen hier einige Patchworkquadrate, deren Muster eine starke, vertikale Wirkung ergeben.

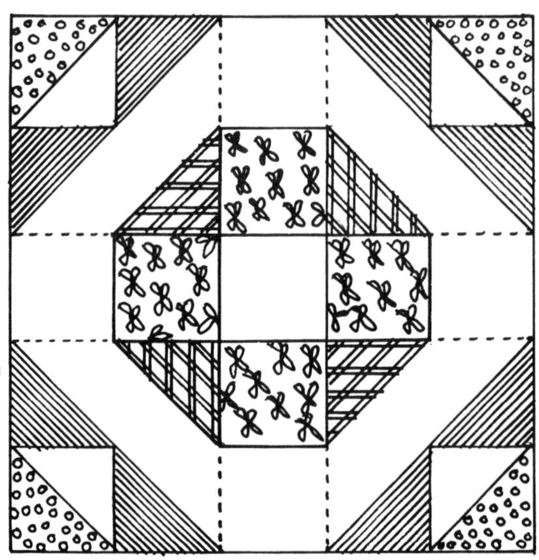

Abb. 20 Geändert für gradliniges Nähen mit der Maschine.

Abb. 21 Würfel (Picket Fence)

Abb. 22 Diamanten (Tumblers)

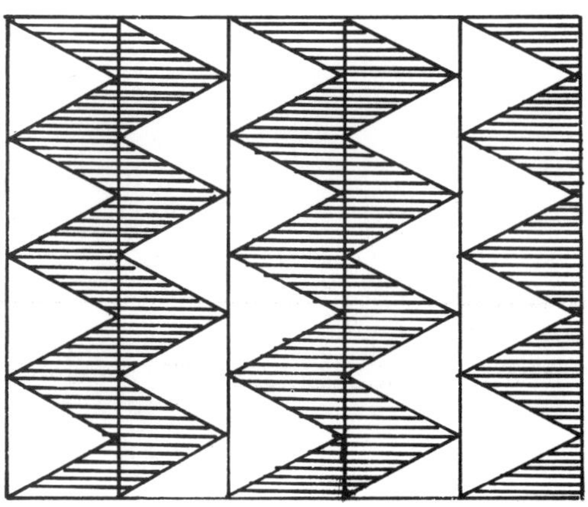

Abb. 23 Blitz (Lightning Strips)

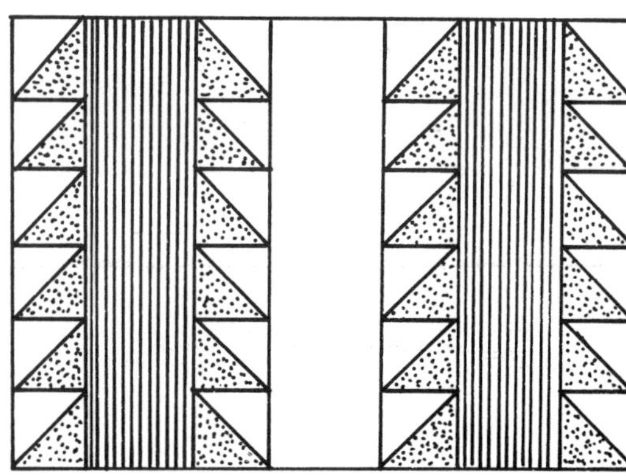

Abb. 24 Tannenbäume (Trees Everlasting)

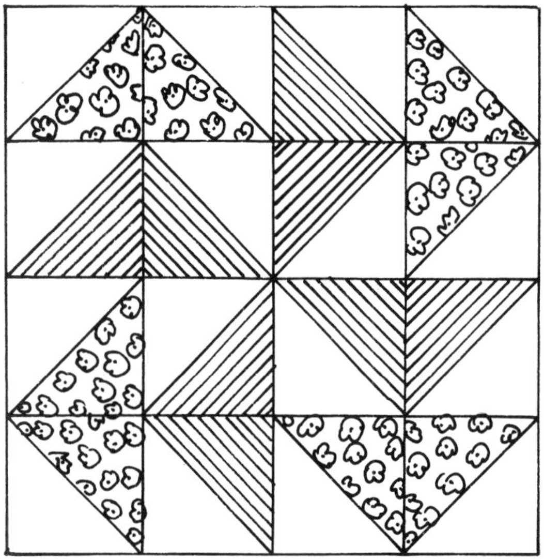

Abb. 25 Holländers Puzzle (Dutchman's Puzzle)

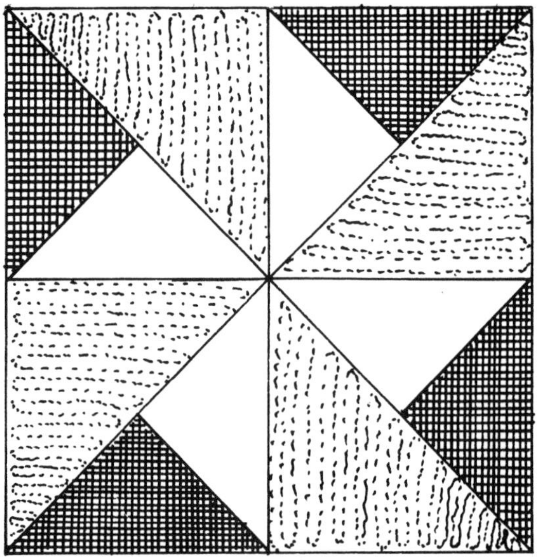

Abb. 26 Windmühle I (Pinwheel)

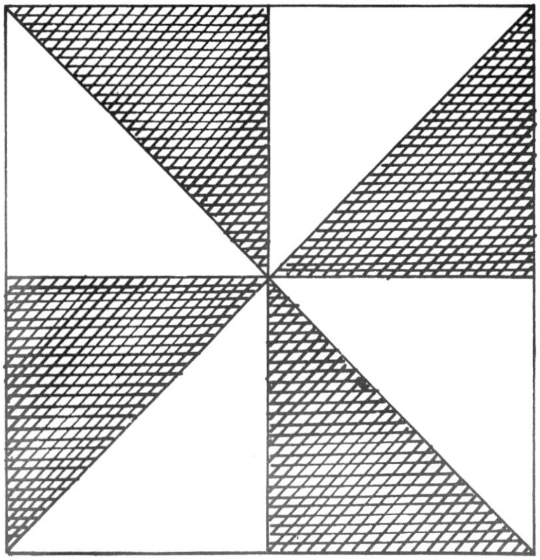

Abb. 27 Windmühle II (Windmill)

Abb. 28 Römische Streifen (Roman Stripes)

Abb. 29 Abendstern I (Sister's Choice)

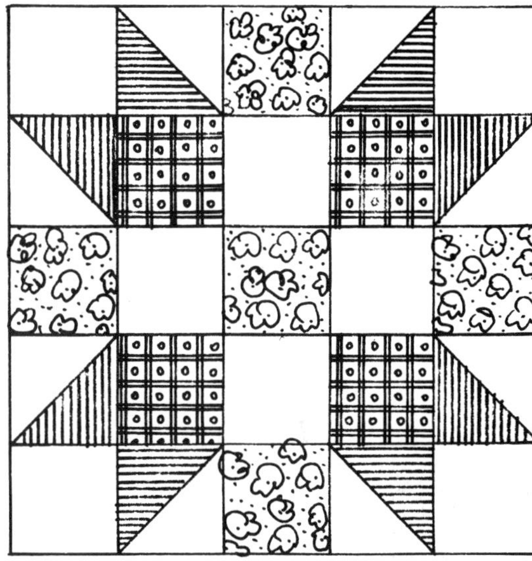

Abb. 30 Abendstern II (Evening Star)

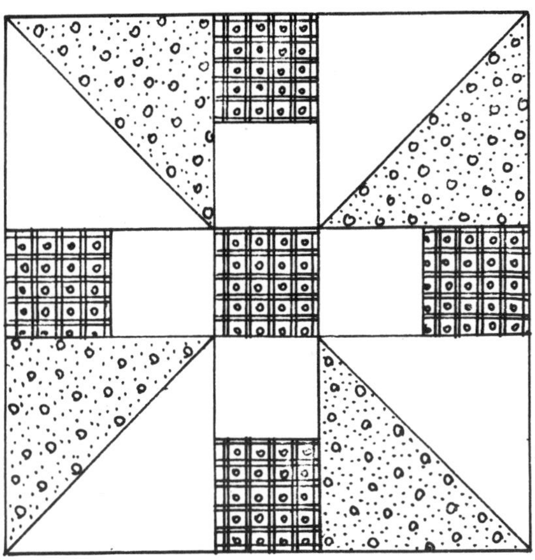

Abb. 31 Propeller

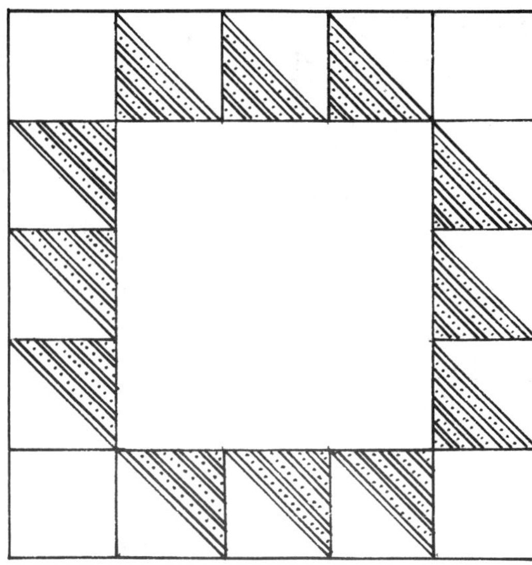

Abb. 32 Säge (Double Sawtooth)

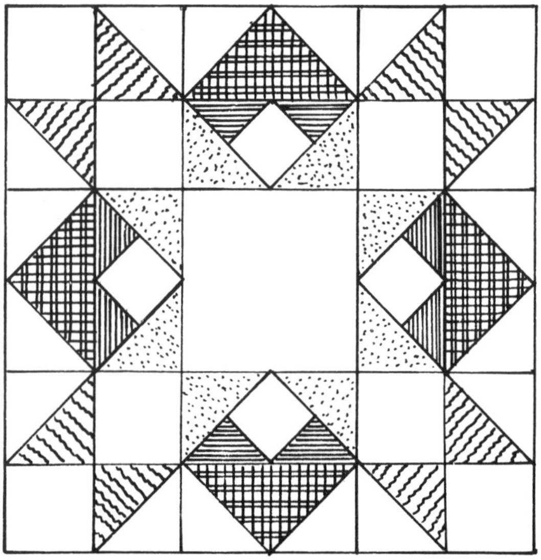

Abb. 33 Weihnachtsstern (Christmas Star)

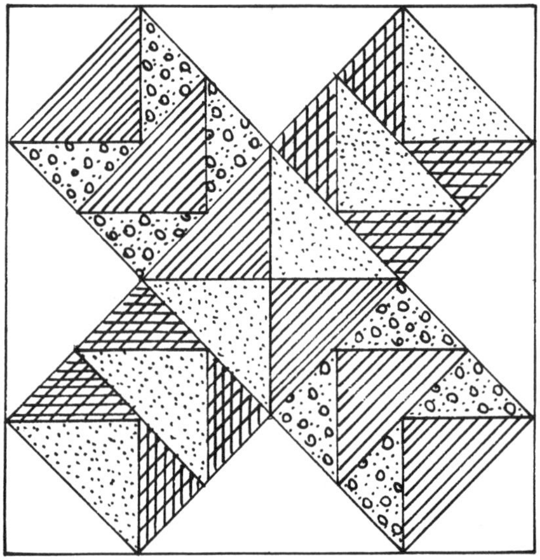

Abb. 34 Wilde Enten (Wild Geese)

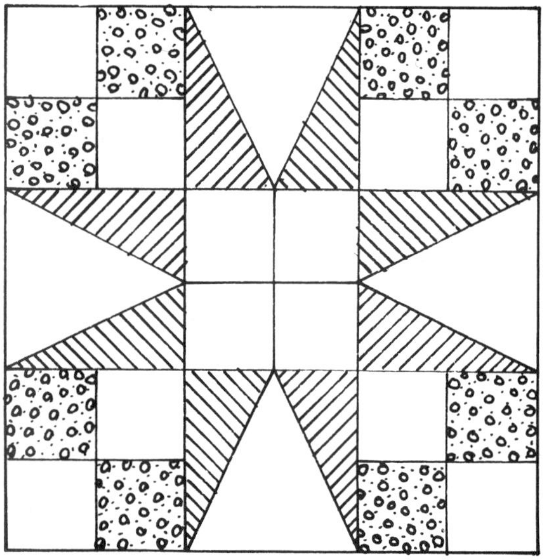

Abb. 35 Aufgehender Stern (54-40 or Fight)

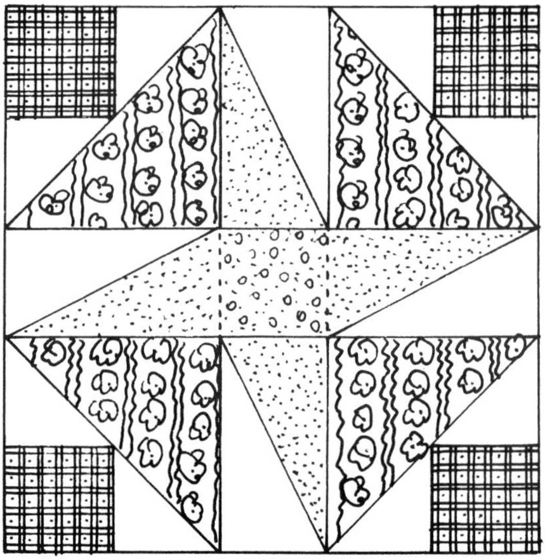

Abb. 36 Verrückte Anna (Crazy Ann)

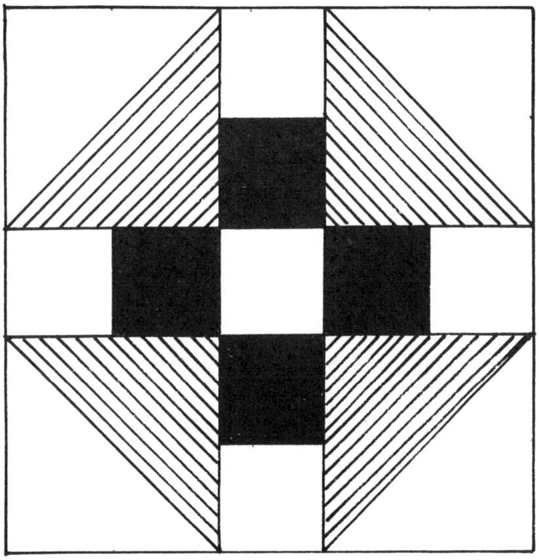

Abb. 37 Churn Dash

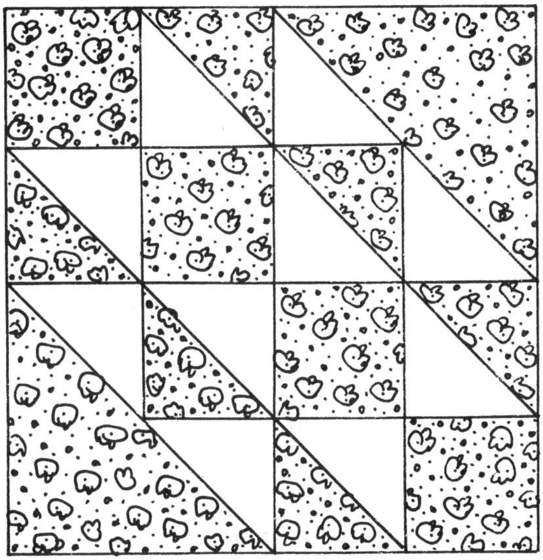

Abb. 38 Schwebende Falken (Hovering Hawks)

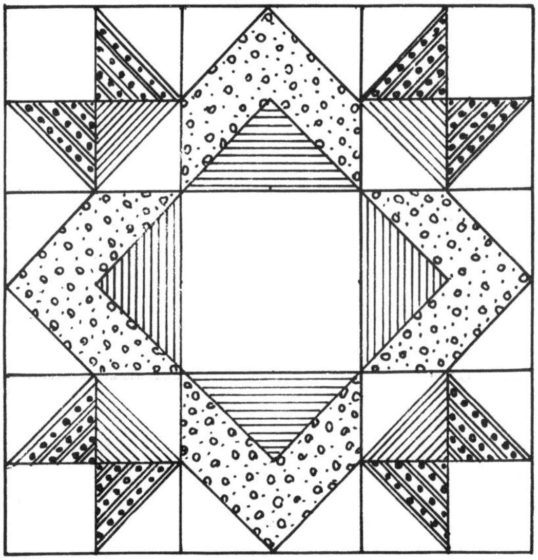

Abb. 39 Luftschloss (Castle in the Air)

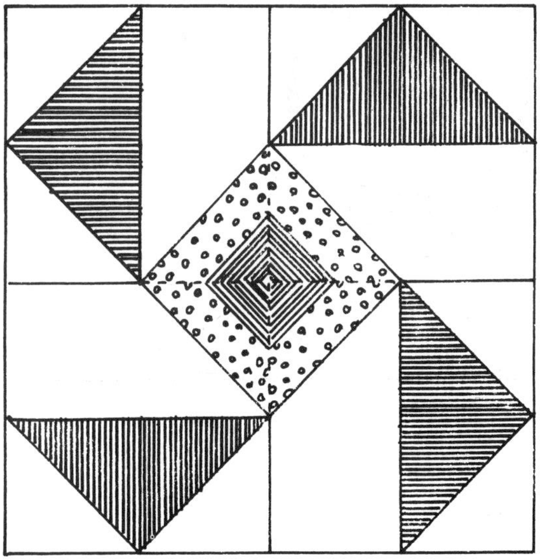

Abb. 40 Mühlrad (Next Door Neighbor)

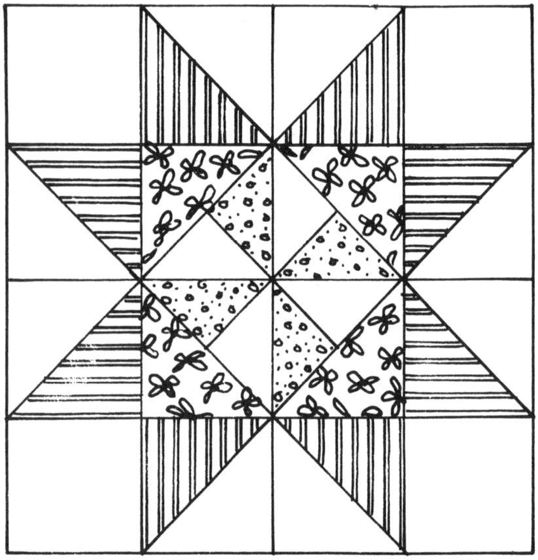

Abb. 41 Martha Washingtons Stern (Martha Washington's Star)

Abb. 42 Georgetown Kreis (Georgetown Circle)

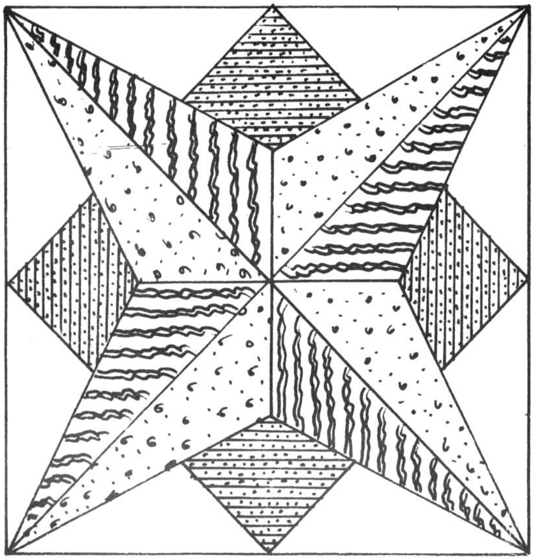

Abb. 43 Stern (Star)

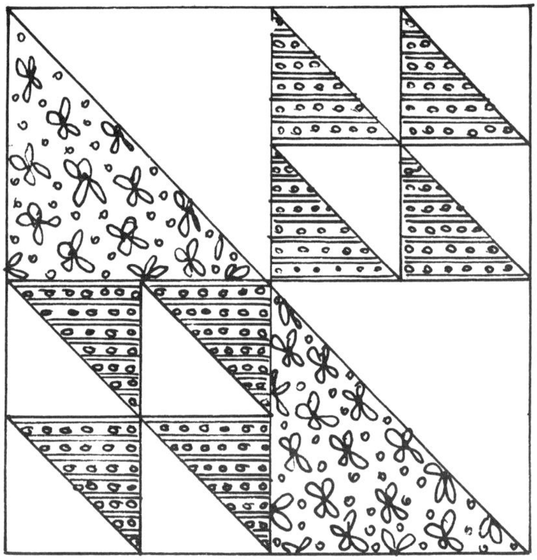

Abb. 44 Schar (Flock)

Abb. 45 Sturm am Meer (Storm at Sea)

Abb. 46 Truthahn Spuren (Turkey Tracks)

Abb. 47 Fliegende Gänse (Flying Geese)

Abb. 48 Marktplatz (Market Place)

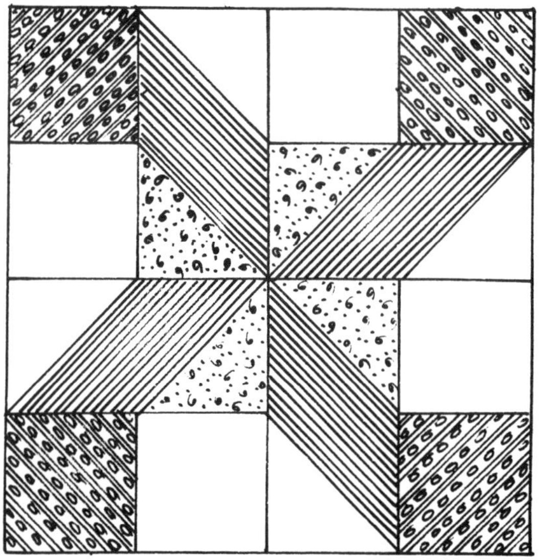

Abb. 49 Clays Wahl (Clay's Choice)

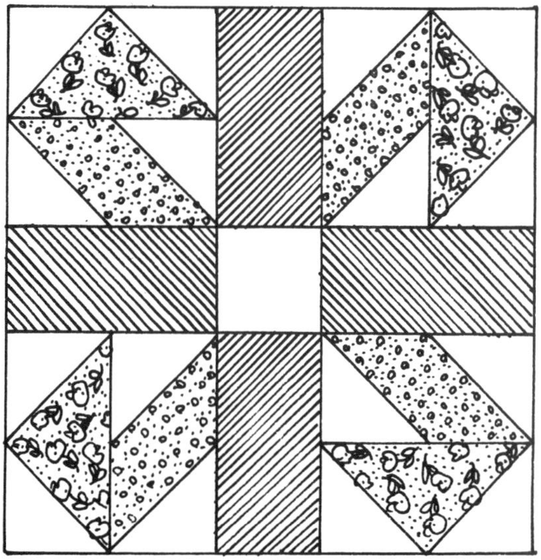

Abb. 50 Clown (Jack in the Box)

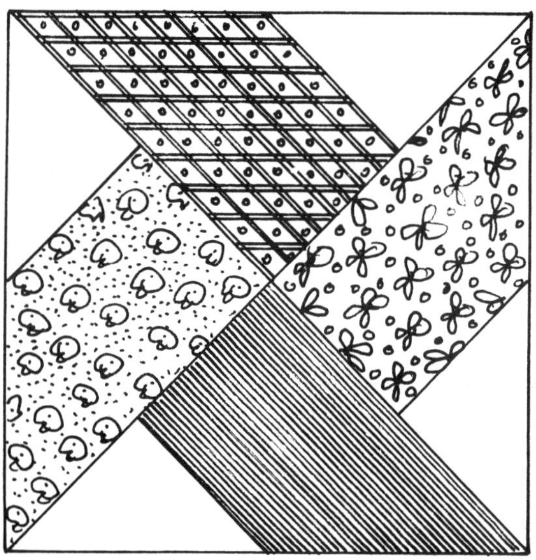

Abb. 51 Wirbelwind (Whirlwind)

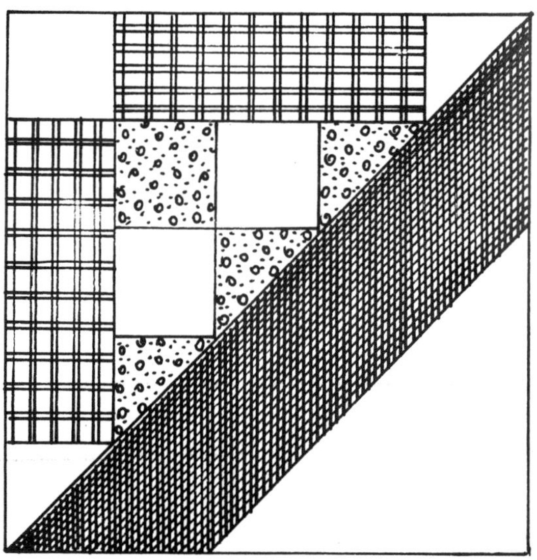

Abb. 52 Königskrone (King's Crown)

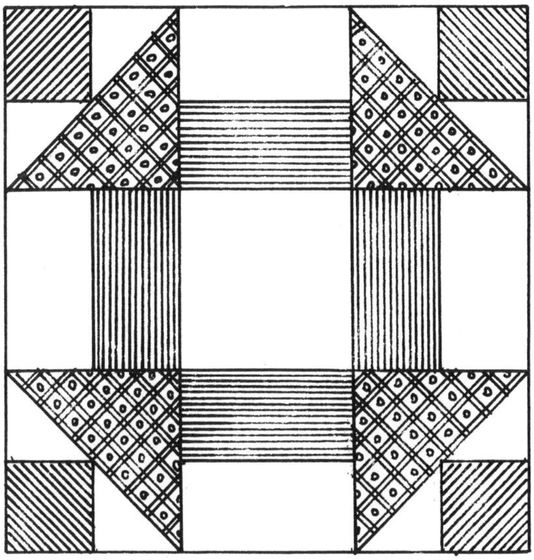

Abb. 53 Schraubenschlüssel (Wrench)

Abb. 54 Jungfern Puzzle (Old Maid's Puzzle)

Abb. 55 Strasse nach Kalifornien (Road to California)

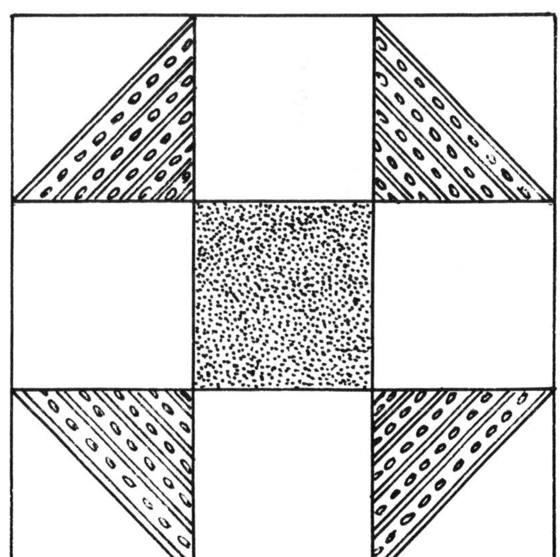

Abb. 56 Shoo-Fly

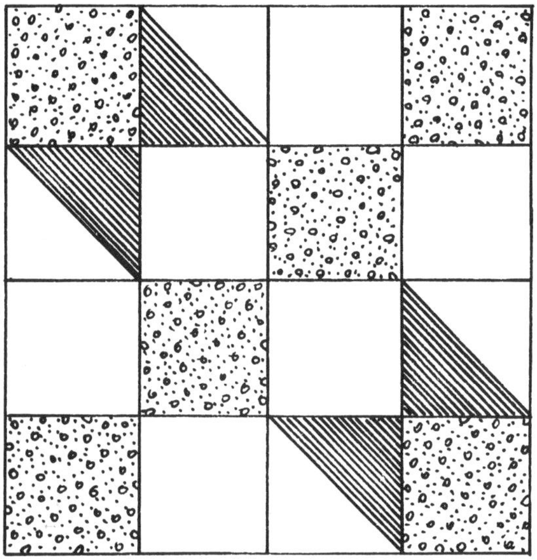

Abb. 57 Strasse nach Oklahoma (Road to Oklahoma)

Abb. 58 Kaleidoskop (Caleidoscope)

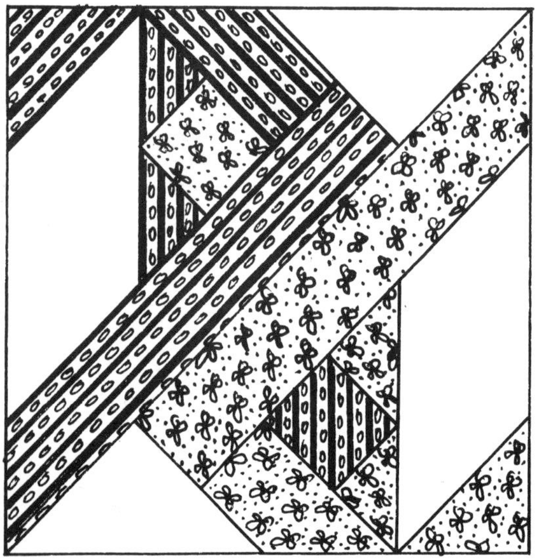

Abb. 59 Chinesisches Puzzle (Chinese Puzzle)

Abb. 60 Holländischer Stern (Dutch Star)

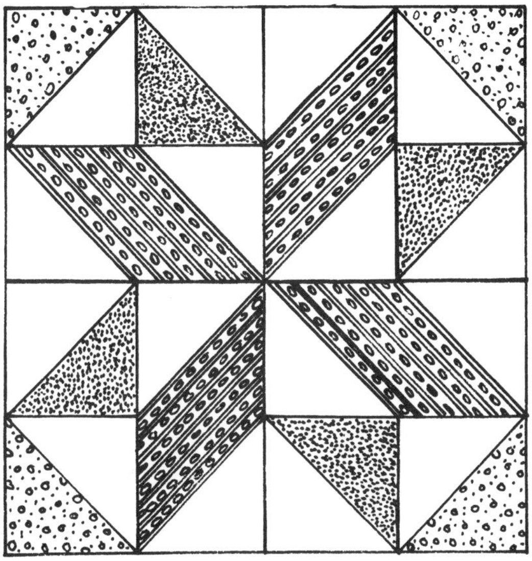

Abb. 61 Zusammengesetzter Stern (Pieced Star)

Abb. 62 Fliegende Vierecke (Flying Squares)

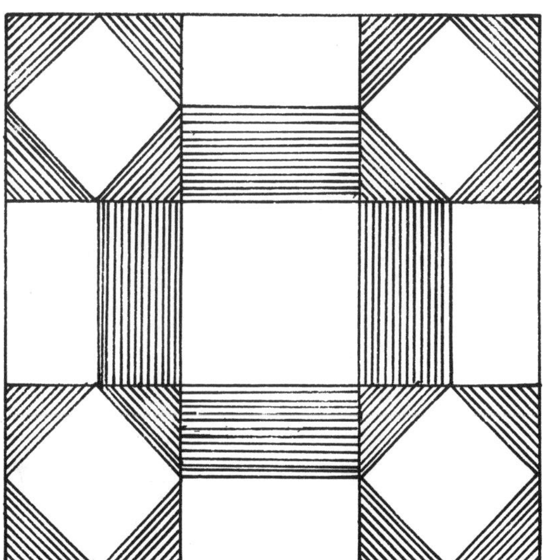

Abb. 63 Rollende Steine (Rolling Stones)

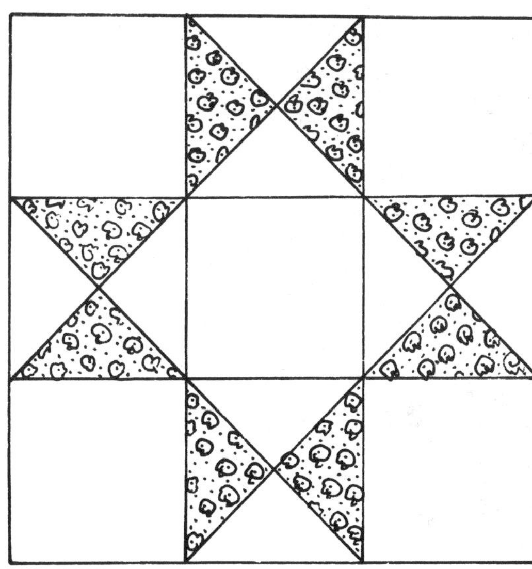

Abb. 64 Ohio Stern (Ohio Star)

Abb. 65 Tag und Nacht (Day and Night)

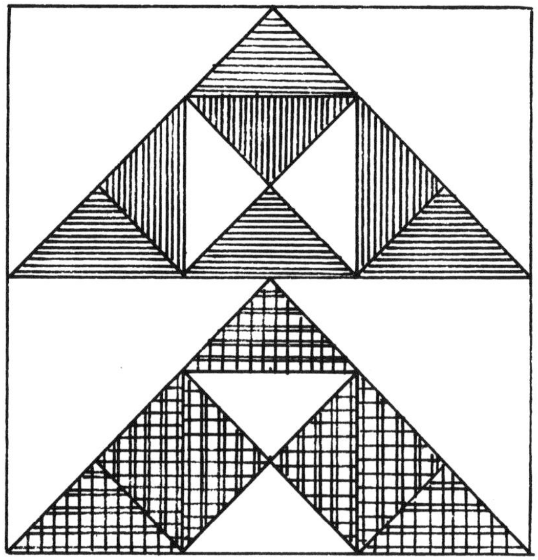

Abb. 66 Berg und Tal (Hill and Valley)

Abb. 67 Josephs Mantel (Joseph's Coat)

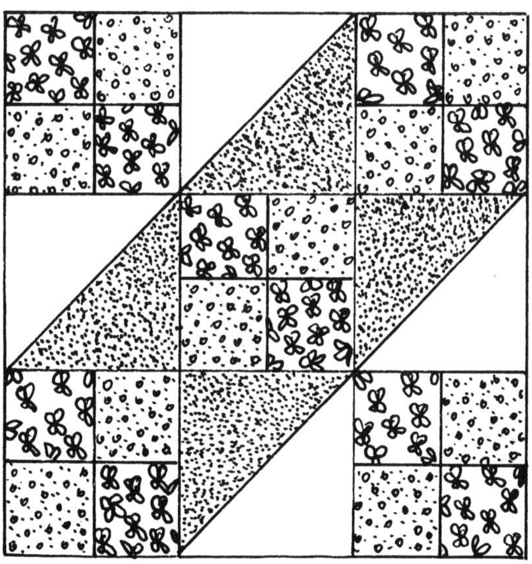

Abb. 68 Jakobsleiter (Jacob's Ladder)

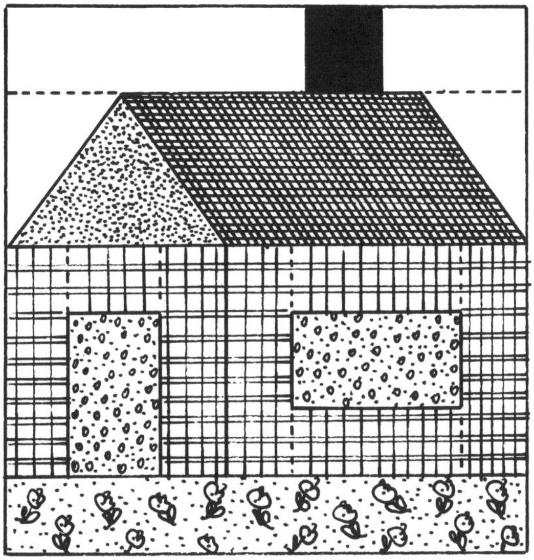

Abb. 69 Haus (House)

Abb. 70 Stern (Star)

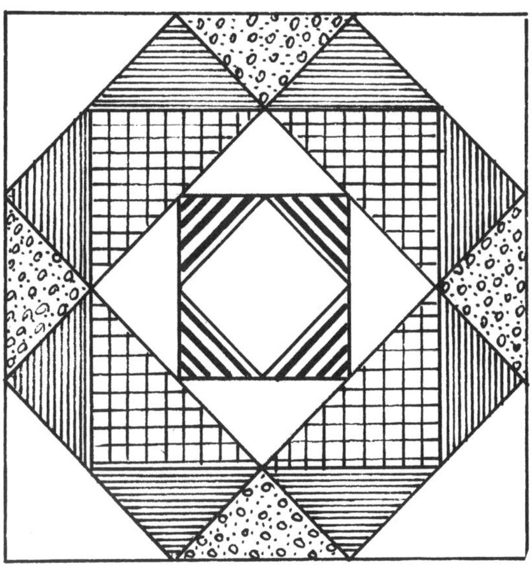

Abb. 71 Schachteln (Boxes)

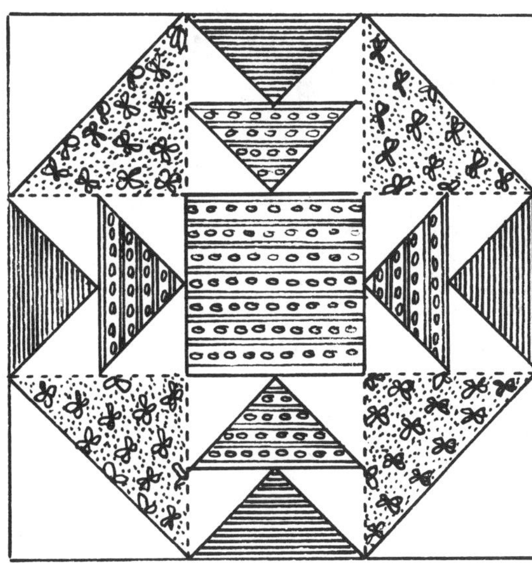

Abb. 72 Doppeltes T (Double T)

Die Wahl eines Quadrates

Hat man seine Wahl einmal getroffen, kann man zu experimentieren beginnen. Die Quadrate sollten möglichst verschieden sein, denn erst durch die Übung wird der Blick so geschult, dass man sich die Gesamtwirkung eines fertigen Quilts vorstellen kann. Anders verhält es sich natürlich, wenn man eine der abgebildeten Decken nacharbeiten will.

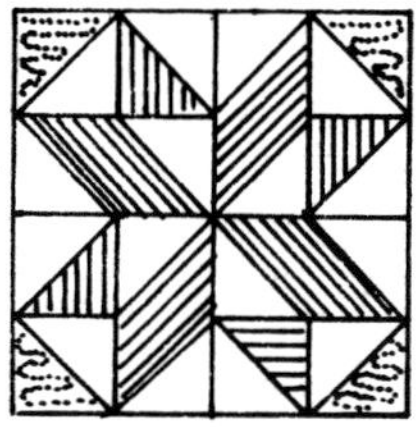

Abb. 73 Zusammengesetzter Stern (Pieced Star)

Abb. 74

Das Aufzeichnen des Musters

Es sollten mindestens vier Quadrate massstabgerecht vergrössert und auf Millimeterpapier aufgezeichnet werden (Abbildung 74). Die Wirkung ist noch besser, wenn man eine Gruppe von drei mal drei Quadraten zeichnet. Man wird überrascht von ungeahnten geometrischen Figuren, die plötzlich lebendig werden. Dann kommt das Ausmalen, das ich unter „Farbwerte im Patchwork" ausführlicher beschreibe. Hat man ausreichend Zeit, sollte dasselbe mit anderen Quadraten wiederholt werden, um sicher zu gehen, die richtige Wahl zu treffen. Bedenken Sie, dass viel Planung und Arbeit in das Projekt gesteckt wird und dass die fertige Arbeit lange Freude machen soll. Ich halte das Entwerfen und das Spielen mit den Hell- und Dunkelwerten für den aufregendsten Teil der Quiltarbeiten.

Die Anordnung der Quadrate

Sie spielt eine besonders wichtige Rolle, denn sie ist für die Wirkung der fertigen Decke bestimmend. Man kann, wie erwähnt, die Quadrate in der traditionellen Form direkt aneinandersetzen. Der Gesamteindruck ist meist sehr intensiv, wenn auch die Methode einfach erscheint (Abbildung 75).
Eine andere Möglichkeit ist der abwechslungsweise Einsatz von Patchworkquadrat und Viereck (erläutert unter „Neutrale Einsätze" Abbildung 79). Die Quadrate können auch auf die Spitze gestellt werden, um als Abwechslung zum einfachen Quadrat eine Diagonalwirkung zu erzielen (Abbildung 77).
Eine andere Form ergibt sich durch die Trennung der Quadrate durch einfarbige Stoffstreifen (Abbildung 76).

Abb. 75

Trennungsstreifen

Durch Einpassen von Trennungsstreifen lässt sich bei Quilts, deren Muster sich hierfür eignet, zweierlei erreichen:

a. Man kann ihr Format ohne wesentliche Mehrarbeit vergrössern (Abbildung 78).
b. Ausdrucksvolle Quadrate werden voneinander getrennt, was ihre Wirkung stark erhöht und dem Quilt einen ausgewogenen Gesamteindruck verleiht.
c. Plant man eine Flickendecke, kann durch Einsetzen der Streifen die Berührung der vielen verschiedenen Stoffe beim Zusammennähen der Quadrate vermieden werden (Abbildungen 6 und 78).

Abb. 76

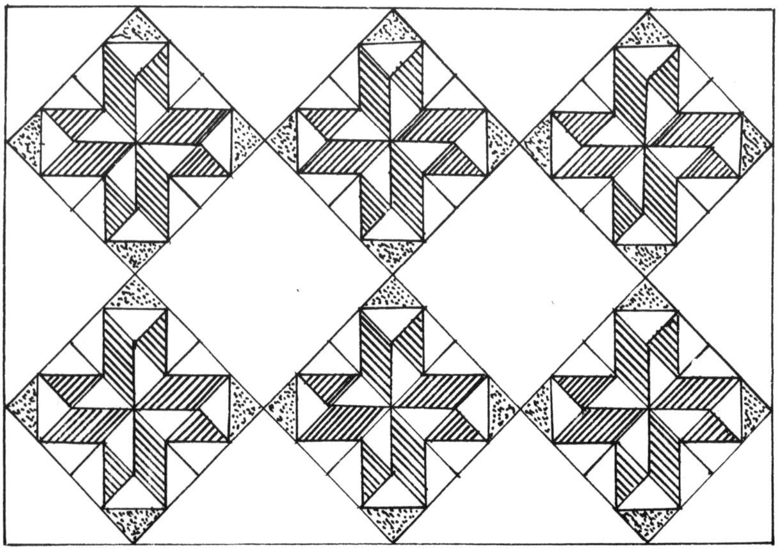

Abb. 77

Abb. 78 Sommersterne (Summer Stars). 240 x 190 cm. 1975. (Gearbeitet und im Besitz der Autorin)

Neutrale Einsätze

Beim Quilt „Königskrone“ (King's Crown) (Abbildung 160) sieht man die Wirkung der einfarbigen, neutralen Einsätze sehr gut. Man kann sie entweder verwenden, um einen bestimmten Effekt zu erzielen oder aber auch um die Anzahl der Patchworkquadrate und damit die Näharbeit zu verringern (Abbildung 79). Verwendet man diese Art der Auflockerung, lässt sich Nützliches mit Gutem verbinden, indem man die einfarbigen Teile der Decke mit einer aufwendigen Stepperei verziert.

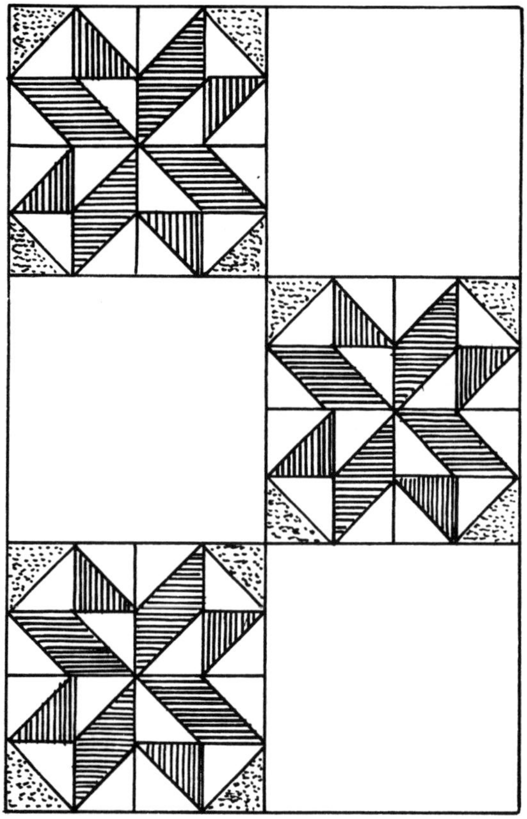

Abb. 79

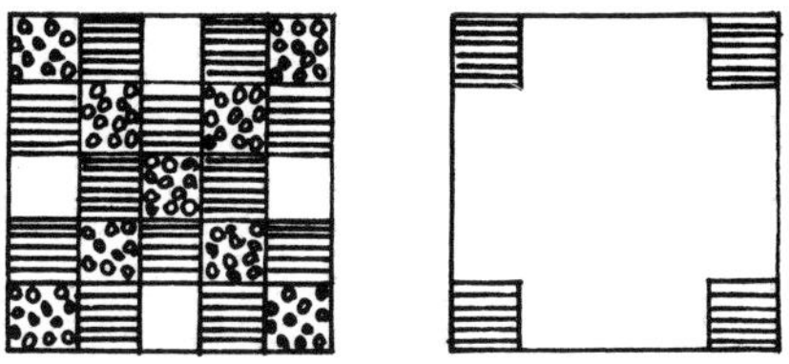

Abb. 80 Irische Kette (Irish Chain)

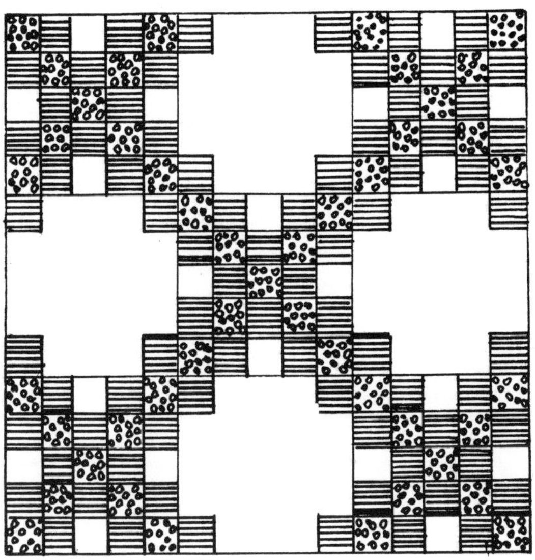

Abb. 81

Entwürfe aus Doppel- und Multiquadraten

Manche Entwürfe bestehen aus zwei oder sogar drei verschiedenen Quadraten, die sich ergänzen. Das klassische Beispiel dafür ist das Quadrat „Irish Chain“ (Abbildung 80 und 81). Dieses Muster wurde früher oft in prächtigen Farbkombinationen nachgearbeitet (Abbildung 82).

Abb. 82 Im dreifachen Irischen Ketten (Irish Chain)-Muster gearbeitet. Als Wiegendecke gedacht. 80 x 80 cm. New England, etwa 1870.
(Im Besitz der Autorin)

Das Quadrat, das ich für meine erste Arbeit wählte, ist das „Hochzeits-Quilt"-Muster. Obwohl es kompliziert scheint, ist es relativ leicht zu nähen, und die Gesamtwirkung der Patchworkfläche ist in den verschiedensten Farbentwürfen sehr attraktiv (Abbildung 83 und 86). Eine meiner letzten Decken wurde ein Projekt aus Multiquadraten. Das Muster „Kaleidoskop" (Abbildung 84) hatte mich schon immer fasziniert, aber ich wollte es nicht bloss aneinandersetzen. So entwarf ich zwei harmonierende kleine Figuren zum Dazwischensetzen; dadurch entstand ein neuer, interessanter Effekt (Abbildung 85).

Abb. 83 Hochzeits-Quilt (Wedding Quilt)

Abb. 84 Kaleidoskop (Kaleidoscope)

Abb. 85

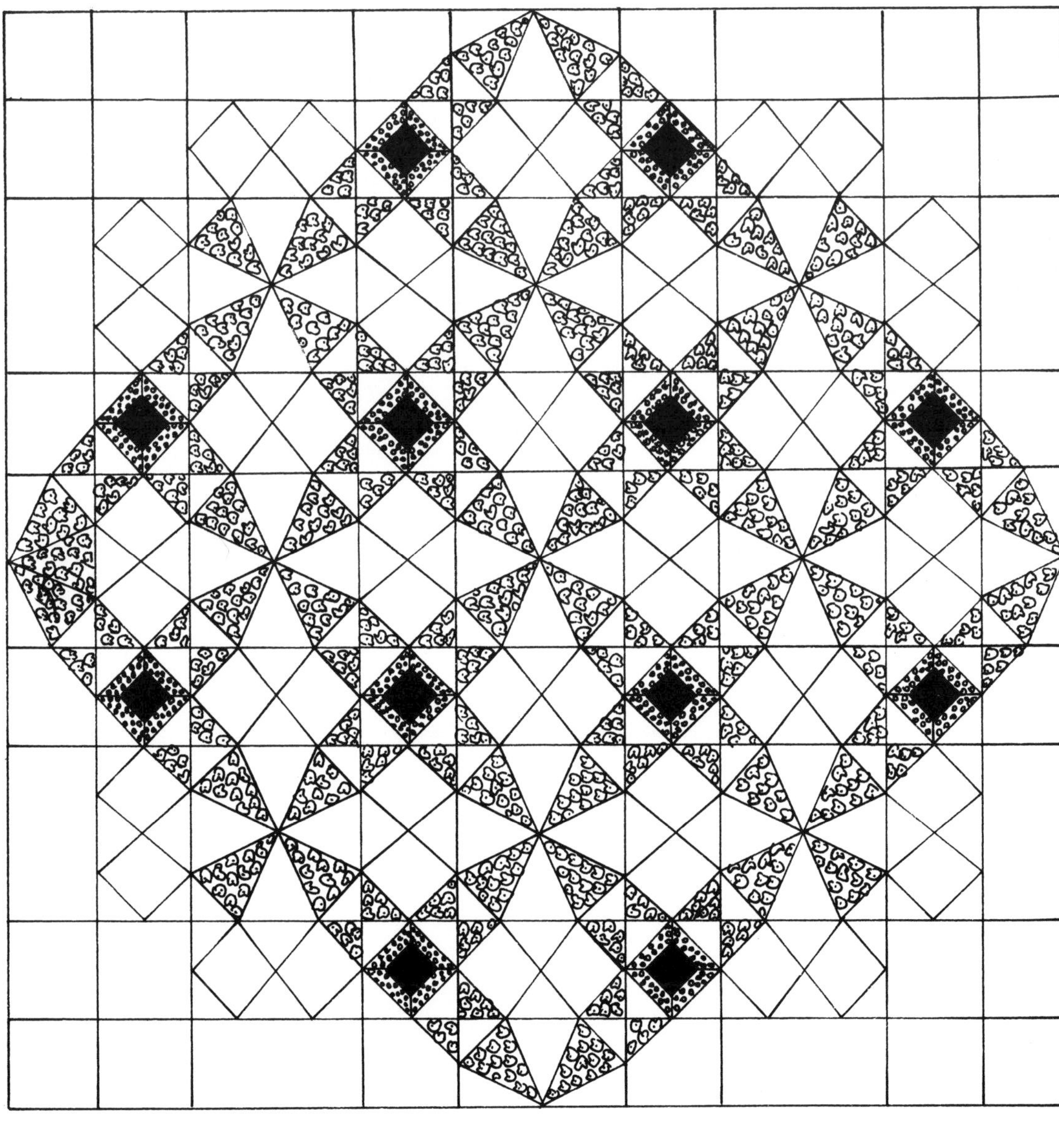

Dieser Entwurf eignet sich auch gut für rechteckige oder quadratische Decken, je nachdem wie viele Reihen geplant sind. Diese Möglichkeit hat man nicht immer, denn manche Entwürfe wirken erst, wenn eine bestimmte Zahl von Quadraten zusammengesetzt sind. Ich denke in dem Zusammenhang an die Kinderdecke, die das Quadrat „Fliegende Vierecke" zur Grundlage hat und die vier Quadrate in der Breite und vier in der Länge erfordert (Abbildung 163). Ebenso ist es mit dem „Königskrone"-Quilt, dessen Muster von sechs Vierecken im Quadrat bestimmt wird (Abbildung 160). Bei der Patchworkfläche „Firmament" sind es fünf Reihen in der Breite und sieben in der Länge, plus Zugabe einer Borte, die man für den Entwurf braucht (Abbildung 90).
Bei den genannten Beispielen würde eine andere Anzahl der Quadrate das Gesamtbild zerstören.

Abb. 87 Firmament. 195 x 155 cm. 1978.
(Gearbeitet von und im Besitz der Autorin)

Abb. 86 Schossquilt im Hochzeitsmuster (Wedding Quilt Pattern).
105 x 140 cm. 1973.
(Gearbeitet von und im Besitz der Autorin)

Die Farbwerte im Patchwork

Nichts schult den Blick für die richtige Farbwahl und die Hell- und Dunkelwerte im Patchwork besser als die häufige Betrachtung von Quilts, sei es in Museen, bei Freunden, in Antiquitätenläden oder Büchern. Mit der Zeit erkennen Sie, warum die Farbwahl einmal sehr gelungen, ein nächstes Mal störend wirkt. Und was die Theorie nicht lehren kann, wird praktisch nachgeholt, indem man selbst mit den Farben experimentiert.

Ist das ausgewählte Quadrat auf Millimeterpapier aufgezeichnet worden, legt man ein Stück Pauspapier über die Zeichnung und befestigt es an allen Seiten mit Heftklammern. (Man kann zwar auch die Originalzeichnung ausmalen, muss aber damit rechnen, die Zeichnung einige Male zu wiederholen, falls die Farbentwürfe nicht glücken.) Durch den Gebrauch von Pauspapier kann man auf der gleichen Zeichnung viele Schattierungen anbringen und hat am Ende alle Entwürfe zur Hand, um sie miteinander zu vergleichen und das beste Design für die Arbeit auszuwählen.

Versuchen Sie, die Schattierungen der Quadrate im Buch zu vergessen, damit Sie bei der eigenen Wahl völlig frei sind. Alle Farbstifte sind geeignet; ich bevorzuge allerdings die feinspitzigen Filzstifte. Beim Ausmalen ist nicht der richtige Farbton wichtig, sondern die bestmögliche Anordnung von Hell und Dunkel. Ein Entwurf verändert sich vollkommen, wenn eine Farbe gegen die andere ausgetauscht wird oder wenn statt zwei oder drei Farben fünf oder sechs verwendet werden (Abbildungen 88 und 89). Mehr Farben ergeben ein lebendigeres Muster.

Man sollte allerdings viel üben, damit das Resultat nicht einfach wild sondern ansprechend aussieht.

Beginnt man eine komplizierte Arbeit, wie die von „Mosaik“ (Abbildung 15) oder „Sonnenaufgang“ (Abbildung 91), genügen Aufzeichnen und Ausmalen einer Vierergruppe nicht mehr. In diesem Fall muss die gesamte Fläche gezeichnet werden. Die verschiedenen Farbentwürfe macht man wieder mit Hilfe von Pauspapier, aber der endgültige Entwurf wird sorgsam in alle Felder eingetragen, damit sich beim Zuschneiden und Nähen kein Fehler einschleicht.

Die zum Ausmalen gewählten Farben müssen übrigens nicht mit der späteren Stoffwahl übereinstimmen.

Abb. 88

Abb. 89

Abb. 91 Sonnenaufgang (Sunrise) Wandbehang. 82 × 125 cm. 1974.
(Gearbeitet und im Besitz der Autorin)

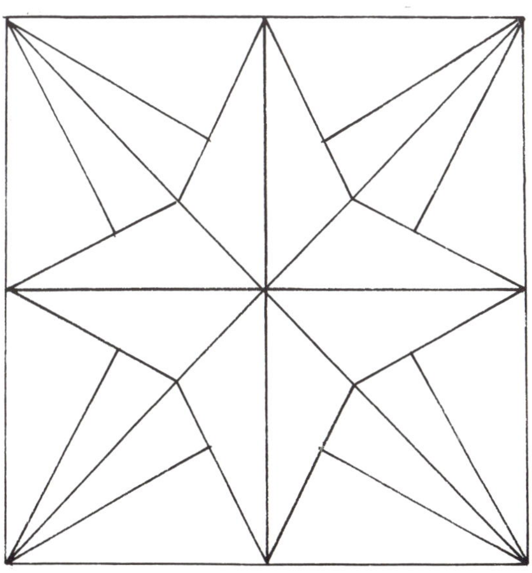

Abb. 90 Stern (Star) Quadrat für den Sonnenaufgang-Entwurf.

Der Rahmen des Quilts

Was für ein Bild der Rahmen ist für eine Patchworkfläche die Borte. Ich rate, die Borte erst am Schluss zu gestalten, es sei denn, man möchte eine Patchworkborte arbeiten, die sich aus dem Deckenmuster entwickelt. Sie wird dann gleichzeitig mit dem Patchwork entworfen. Beim „Firmament"-Quilt (Abbildung 87, eine noch ungesteppte Patchworkfläche) ist eine solche Borte mit einem Rahmen des Hintergrundmaterials kombiniert, um dem Muster ein schwebendes Bild zu geben. Zum Schluss wurde der Quilt mit dem dunkelroten Stoff der Sterne schmal eingefasst, um eine Einheit mit der Patchworkfläche zu schaffen.
Meistens wählt man eine oder mehrere einfarbige Borten in verschiedenen Breiten – nach aussen hin immer breiter werdend. Die Borten unterstreichen das eigentliche Patchwork und komplettieren es. Die Breite ist im voraus schwer bestimmbar. Stellt man sich zum Beispiel einen 15 cm breiten Rand vor, sieht man nach Fertigstellung des Patchworks plötzlich, dass zwei Borten, eine ganz schmale und eine zweite von vielleicht 18 cm Breite, eine interessantere Wirkung ergeben.

Ich lege meine fertigen Patchworkflächen auf dem Teppich aus und experimentiere, indem ich den Stoff in verschiedenen Breiten unter der Arbeit hervorschauen lasse. Einige Zentimeter mehr oder weniger haben oft eine verblüffende Wirkung!
Die Farben der Rahmen werden in erster Linie vom persönlichen Geschmack bestimmt. Man kann entweder im Patchwork verwendete Farbtöne aufnehmen und sie in der Borte wiederholen oder aber eine ganz neue Farbe wählen, die der gesamten Farbkomposition einen zusätzlichen Effekt verleiht.

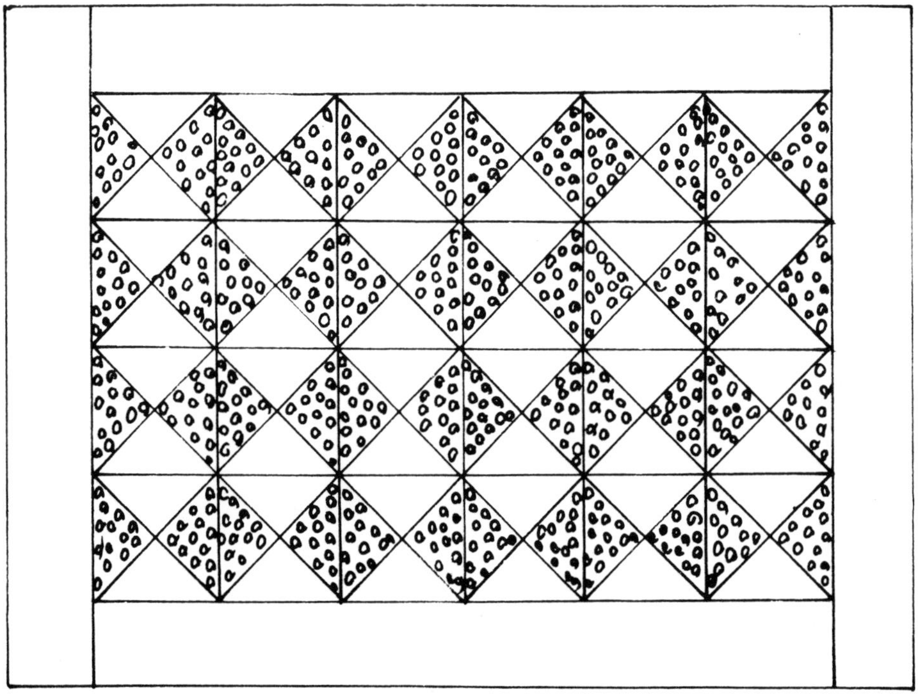

Abb. 92

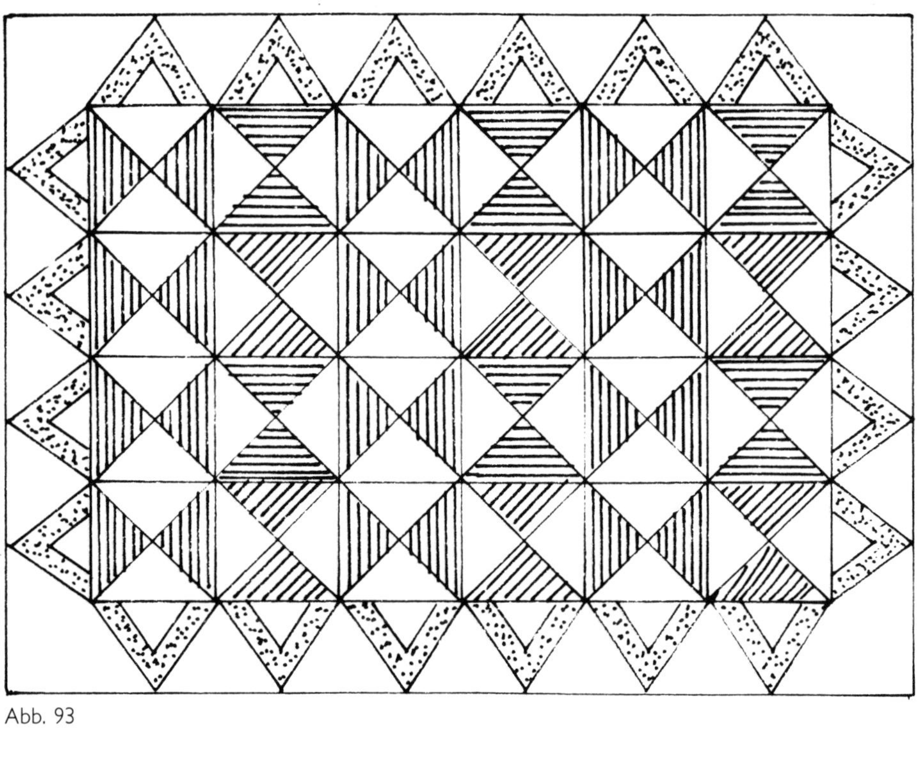

Abb. 93

Die Abbildungen 94 bis 103 zeigen Bortenmuster, die einzeln oder kombiniert mit unifarbenen Rahmen verwendet werden können.
Selbst bei genauestem Arbeiten kann es bei einer grossen Patchworkfläche zu geringen Massabweichungen kommen. Umrahmt man die Arbeit mit einer einfarbigen Borte, fällt der Fehler überhaupt nicht auf. Möchte man aber eine auf das Muster abgestimmte Patchworkborte annähen, kann es passieren, dass die Borte etwas zu lang ist, auch wenn es sich nur um 1 cm handelt. Ist das gleichmässige Verteilen aufgrund des Zusammenpassens von Nähten unmöglich, sollte man die Borte mit der Patchworkfläche abschliessen.

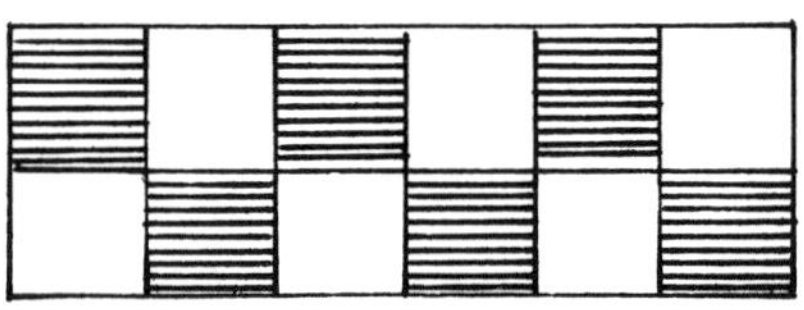
Abb. 94

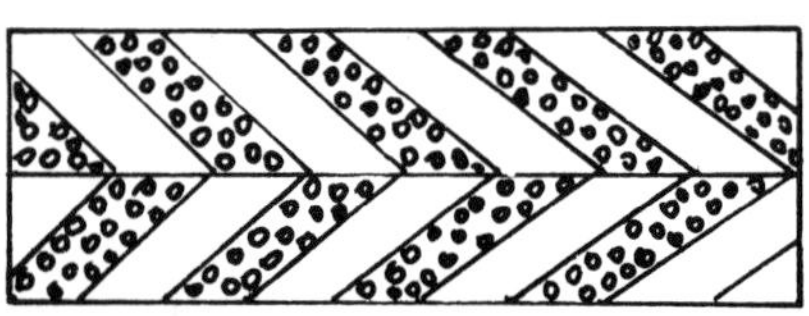
Abb. 95

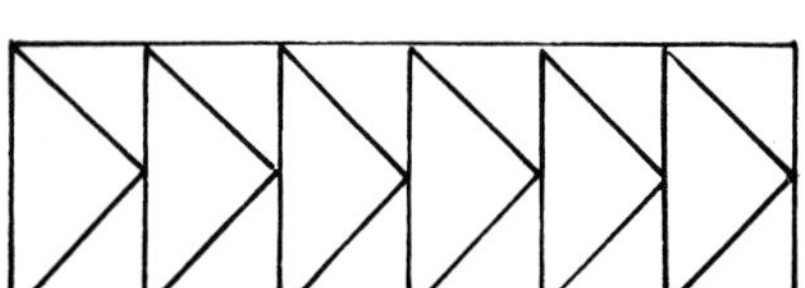
Abb. 96

Abb. 97

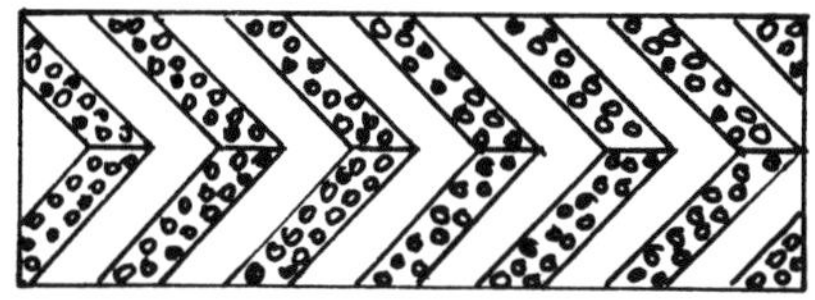
Abb. 98

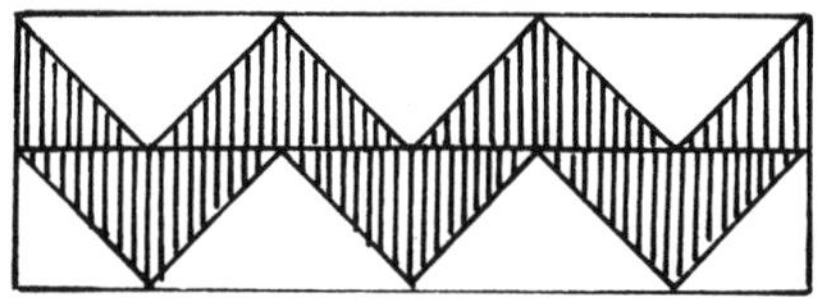
Abb. 99

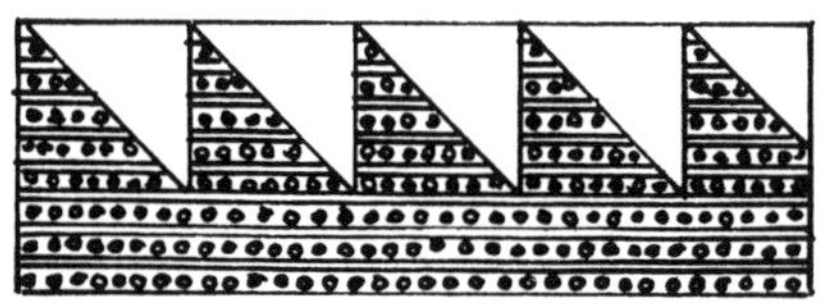
Abb. 100

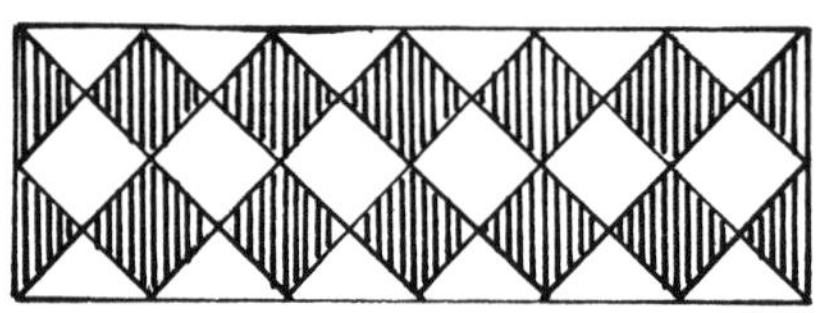
Abb. 101

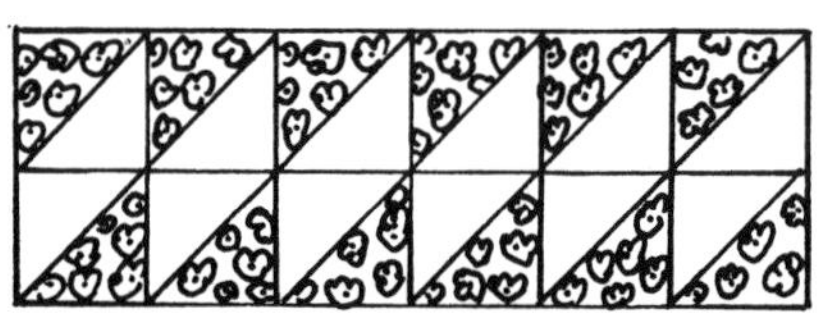
Abb. 102

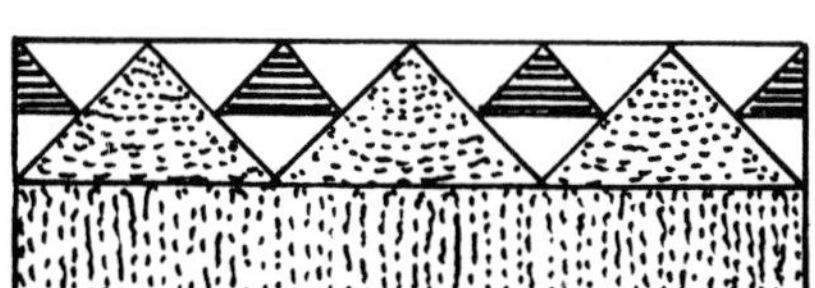
Abb. 103

Das Eckquadrat kann aus einfarbigem Stoff oder einem separaten Patchworkquadrat genäht werden (Abbildungen 104 und 105). So sehen die Ecken fast vollkommen aus, und der Passfehler in der Borte wird kaum bemerkt.

Abb. 104

Abb. 105

DAS ANFERTIGEN VON SCHABLONEN

Werkzeuge

Nähnadeln in verschiedenen Grössen, um Heft-, Stick- und Stepparbeiten auszuführen. Für das Steppen braucht es eine dünne, nicht zu kurze Nadel, die sich gut durch drei Materiallagen schieben lässt. Zum Zusammenstecken der Teile eignen sich feine Glaskopfstecknadeln, die man in grösseren Mengen haben sollte, am besten. Für schwerere Stoffe sind kräftige Stecknadeln mit Metallkopf besser geeignet.

Nähfaden: Für das Zusammennähen der Patchworkteile benutzt man einen normalen Baumwollfaden, der sich für fast alle Stoffe eignet, selbst Kordsamt und Leinen. Die einzige Ausnahme ist Seide, hier wird Nähseide benötigt. Die Farbe des Fadens sollte mit den Stoffen übereinstimmen. Wenn die Farbwerte einer Arbeit hell und dunkel sind, näht man gewöhnlich mit einem dunklen Oberfaden und einem helleren Unterfaden. Wenn aber für viele Teile nur helle oder nur dunkle Stoffe aufeinandertreffen, wechselt man auf den entsprechenden Faden um und benutzt oben und unten die gleiche Farbe. Für das Steppen nimmt man festeren Faden, am besten Baumwolle mit Dacron oder Polyester überzogen.

Scheren: Zwei gute Scheren sind unbedingt erforderlich, die eine für Papier, die andere, wenn möglich spitz, für Stoff. Beide sollten immer gut geschliffen sein, damit das Zuschneiden leicht von der Hand geht.

Der Fingerhut ist für viele eine Selbstverständlichkeit beim Handarbeiten, auch beim Steppen sollte er nicht fehlen. Man kann zwar ohne Fingerhut steppen, aber es ist nicht ganz so einfach, weil die Fingerspitzen doch sehr empfindlich sind.

Millimeter-, Zeichen- und Pauspapier sollte man immer ausreichend im Haus haben.

Karton: Dünner Karton ist für die Schablonen unbedingt nötig. Ich habe gute Erfahrungen mit den Kartonrückseiten von Schreibblocks gemacht. Falls Sie Karton kaufen müssen, wählen Sie eine mittlere Stärke. Er soll dick genug sein, damit er beim Hantieren nicht verbiegt, und doch nicht so dick, dass das Zuschneiden der Schablone unnötig erschwert wird.

Lineal, Bleistifte und Schneiderkreide in Stiftform sind unerlässlich, nicht nur für die Zeichnungen, sondern auch später für das Aufzeichnen des Steppmusters auf das Material. Benutzen Sie für die Herstellung der Schablonen kein Metermass: Es dehnt sich zu stark und kann zu Ungenauigkeiten führen. Schablonen können auch aus Metall oder Plexiglas geschnitten werden, wenn man die Formen für ein künftiges Projekt aufheben möchte. Allerdings sollte man jemanden, der sich beim Schneiden von Metall oder Kunststoff auskennt, damit beauftragen.

Die Grösse des Quadrates

Um die Grösse des Quadrates zu bestimmen, muss man sich zuerst über den Zweck des Quilt klar werden. Plant man eine Kinderdecke, dürfen die einzelnen Quadrate nicht zu gross sein, damit die Wirkung nicht verloren geht. Hier erscheint eine Grösse von 20 x 20 cm oder 24 x 24 cm ideal. Stellt man sich einen Wandbehang vor, für den man grosszügig Platz hat, dürfen die Quadrate gut 30 x 30 cm oder grösser sein. Auch Decken, wo jedes einzelne Quadrat ein Format von 40 x 40 cm aufweist, wirken sehr gut. In vielen Fällen lösen sich jedoch diese Fragen von selbst, nämlich dann, wenn gewisse Masse vorgegeben sind, die man einhalten möchte, wie zum Beispiel die Grösse einer Matratze. Nicht zuletzt ist es auch eine Frage der Geduld, ob man in einem 6 x 6 cm Quadrat die winzigen Teile aneinandersetzen oder lieber gleich das Quadrat vergrössern will. Ich hefte meine Entwürfe meist für einige Tage an die Wand und betrachte das Muster mit einigem Abstand. Dabei frage ich mich, ob mir kleinere oder grössere Quadrate besser gefallen würden.
Die Teilbarkeit eines Quadrats – alle Quadrate sind teilbar – ist wahrscheinlich der ausschlaggebende Faktor in der Formatwahl. Die meisten Quadrate sind durch vier, fünf oder neun teilbar, einige durch zwei oder drei.

Nimmt man ein durch vier teilbares Quadrat, wählt man eine durch vier teilbare Grösse wie 20 x 20 cm oder 24 x 24 cm. Mit einem Mass von 23 cm erschwert man sich die Arbeit nur unnötig; die Zahl lässt sich nicht leicht durch vier teilen, und man muss mit Ungenauigkeiten rechnen. Gerade das will man beim Anfertigen der Schablone vermeiden, weil davon zum allergrössten Teil das Resultat der Arbeit abhängt.

Das Herstellen der Schablone

Ich wiederhole nochmals, dass die Schablonen so akkurat wie nur möglich ausgeschnitten werden müssen. Jedes Einzelteil der Patchworkfläche wird nach diesen Schablonen zugeschnitten, und auch die kleinste Ungenauigkeit führt, weil sie sich immer wieder multipliziert, zu Problemen. Man nimmt nun ein Stück Millimeterpapier, das gross genug sein sollte, die Zeichnung des gesamten Quadrats, in der geplanten Grösse, aufzunehmen (korrektes Anstücken ist möglich, wenn das Papier nicht in ausreichender Grösse erhältlich ist). Mit Lineal und gut gespitztem Bleistift zeichnet man die Umrisse des Quadrats. Danach errechnet und überträgt man die Linien, die das Muster ergeben (Abbildung 107). Hat man aus irgendeinem Grund kein Millimeterpapier verfügbar, ist es wichtig, dass beim Zeichnen auf neutralem Papier die Ecken des Quadrats im rechten Winkel sind! – Treffen sich die Linien, und ergeben sie eine perfekte Zeichnung, bestimmt man, welche Teile gebraucht werden.

Nehmen wir als Beispiel das Quadrat „Grossmutters Wahl" (Abbildung 106), sieht man gleich auf den ersten Blick, dass sich die geometrischen Figuren, wiederholen. Für die Schablonen braucht man also jede Figur nur einmal, also in diesem Fall vier Figuren, nämlich: das grosse Dreieck, das kleine Dreieck, das Rechteck und das Quadrat (Abbildung 108). Danach legt man die Papierteile auf Karton und lässt ausreichend Zwischenraum, um die Saumzugabe anzuzeichnen. Mit Leim werden die Teile sauber aufgeklebt.

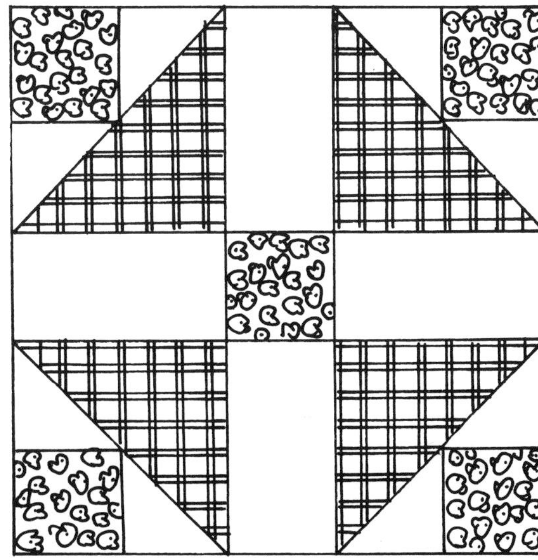

Abb. 106 Grossmutters Wahl (Grandmother's Choice)

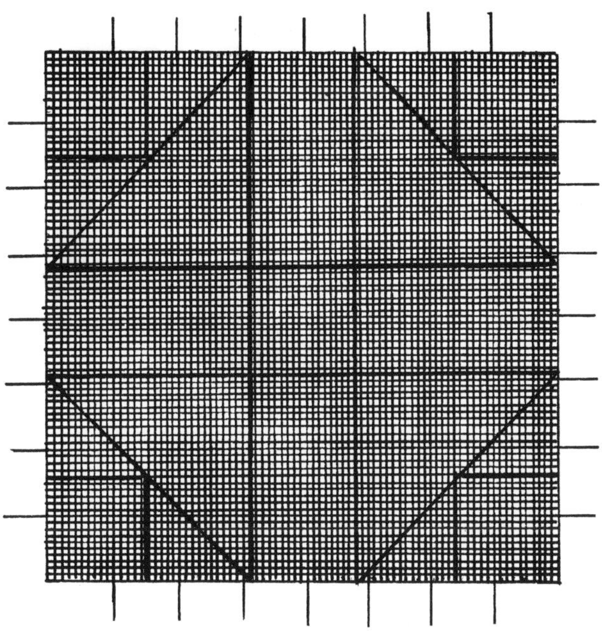

Abb. 107

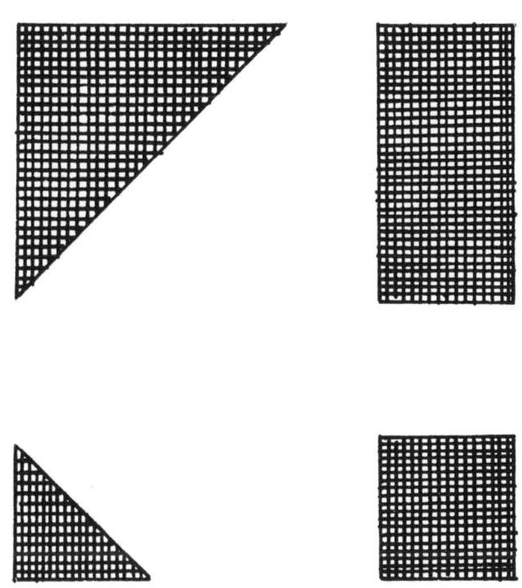

Abb. 108

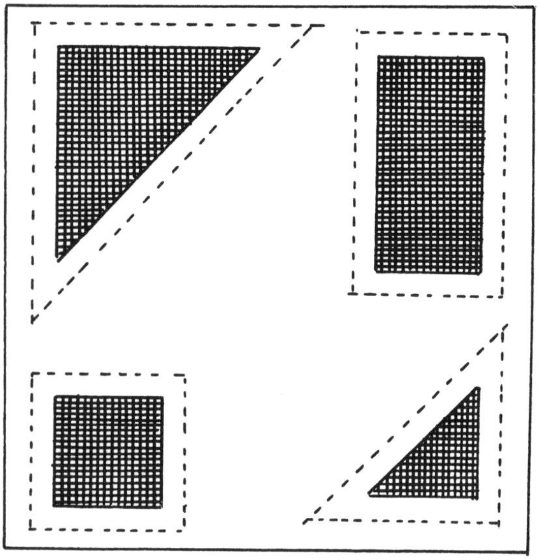
Abb. 109

Als Saumbreite kann man 7 mm oder 1 cm wählen. Mit 1 cm Breite hat man die Gewissheit, dass selbst bei ungenauem Nähen genug Zugabe vorhanden ist und die Naht nicht ausreissen kann. Bei 7 mm Breite muss man zwar exakter nähen, doch kann man besser nahe den Nähten steppen, ohne viele Lagen Stoff durchstechen zu müssen. Es gab und gibt auch heute noch Quilt-Näher, die eine knappere Saumzugabe als 7 mm wählen und deren Stolz es ist, diese Arbeit mit grosser Präzison auszuführen. Gehen wir von 1 cm Saumzugabe aus: Das Lineal wird genau im rechten Winkel zur vorgezeichneten Linie angelegt, und entlang der Aussenseite der Figur werden, im Abstand von 1 cm, kleine Punkte angebracht (Abbildung 109). Diese Punkte werden in einer sauberen, geraden Linie miteinander verbunden. Jetzt können die Schablonen, entlang der Saumzugabelinie, ausgeschnitten werden (Abbildung 110).

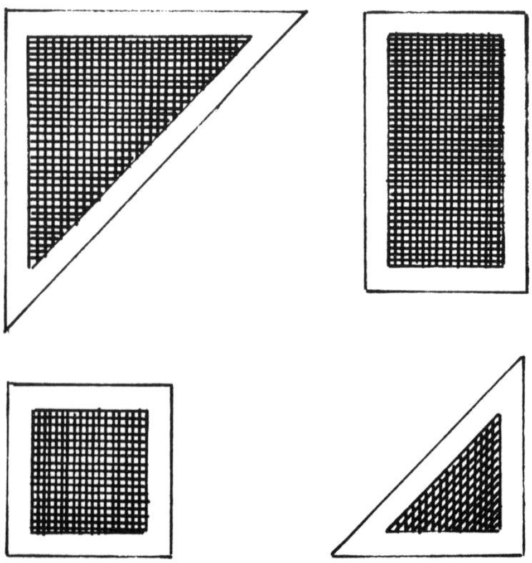
Abb. 110

Schablonen für Applikationen

Eine Schablone für Applikation wird gemacht, indem man die gewünschte Form mit Pauspapier auf den Karton überträgt und so, ohne jede Saumzugabe, ausschneidet. Ich werde im Kapitel „Arbeiten mit Applikationen" darauf zurückkommen.

Schablonen für Kombinationen von Patchwork und Applikation

Wir beginnen auch hier mit der Aufzeichnung des Quadrats in der vorgesehenen Grösse auf Millimeterpapier. Dann zeichnen wir die Linien für die Patchworkteile, danach malen wir die gewünschten Applikationsteile. Wichtig ist, dass diese Teile nicht zu schmal entworfen werden, weil man ja beim Arbeitsgang des Applizierens (je nachdem, ob die Arbeit von Hand oder mit der Maschine ausgeführt wird) eine Saumzugabe einschlagen muss. Das könnte beispielsweise bei dünnen Blättchen oder Stielen schwierig sein und die fertige Arbeit unschön aussehen lassen.
Die Applikationsteile werden mit Pauspapier auf Karton übertragen und ausgeschnitten, von den Patchworkteilen werden Schablonen angefertigt.

STOFFWAHL

Die Schöpfer der herrlichen, alten Quilts hatten es zumindest in einer Beziehung leichter als wir: Quilts wurden aus alten, einigermassen gut erhaltenen Stoffen, anfänglich nur aus Baumwolle, genäht.
Später hatte man die Möglichkeit, grössere Stücke Stoff zu kaufen, das Angebot wurde umfangreicher. Sobald man Quilts nicht mehr aus der Notwendigkeit herstellte, die kalten Winternächte zu überstehen, begann man, die Deckenentwürfe kunstvoller zu gestalten und interessantere Gewebe mit einzubeziehen. Aus dieser Zeit stammen Quilts aus Seide, Samt und Wolle von faszinierender Wirkung.
Das Angebot ist heute umfangreicher denn je, und die Wahl fällt dementsprechend schwer. Hier einige Gesichtspunkte, die diese Wahl beeinflussen können:

1. Patchwork, das mit einem Quiltmuster versehen wird, muss immer aus dünnen Stoffen wie Baumwolle, Seide oder haltbaren Baumwoll-Mischgeweben hergestellt werden. Bei dickeren Stoffen wird das Quilten von Hand praktisch unmöglich, weil man die feinen Steppstiche nicht mit der erwünschten Gleichmässigkeit ausführen kann – es sei denn, man führt jeden Stich einzeln durch.
2. Stoffe (wie zum Beispiel Jersey), die ihre Form nicht gut halten und sich verziehen, sind denkbar ungeeignet, weil das Patchwork so nicht exakt gearbeitet werden kann. Ebenso schlecht eignet sich Material, das steif und dick ist, weil man spitze Winkel nicht sauber genug nähen kann. Zudem ist es unmöglich, die Arbeit schön glatt und flach zu bügeln, von der Schwierigkeit des Steppens gar nicht zu reden.
3. Auch die Stoffqualität sollte bei unserer Wahl mit berücksichtigt werden. Man sollte sich zum Beispiel bei der Restenverwertung davor hüten, stark abgenutzte Stellen im Stoff mit zu verwenden. Es wäre doch ärgerlich, wenn schon nach kurzer Zeit die ersten dünnen Stellen auftreten. Manche Decken, die heute noch ansprechend aussehen, sind 100- bis 150jährig.

4. Die Verarbeitung sehr unterschiedlicher Stoffe kann ein Risiko sein. Ich würde daher empfehlen, erst einige Erfahrungen zu sammeln, ehe ein Projekt aus Seide und Samt geplant wird. Seide und Samt haben beide die Eigenschaft, beim Nähen zu verrutschen, und in Kombination scheint sich diese Wirkung noch zu verstärken. Ausserdem zeigen sich bei beiden Stoffen die Einstiche stark, und es ist fast unmöglich, falsche Nähte später unbemerkt auszumerzen.
5. Der Verwendungszweck spielt ebenfalls eine wichtige Rolle. Eine Kinderdecke oder ein Schossquilt wird vorzugsweise aus weicher, anschmiegsamer Baumwolle angefertigt, die leicht waschbar ist. Hingegen kann man Seide für eine Stola verwenden, um ihr ein kostbares Aussehen zu verleihen. Dass Seide nicht so strapazierfähig ist, sollte in dem Fall kein Hinderungsgrund sein, weil man diese Art von Kleidungsstück nicht so häufig trägt. – Findet man einen schönen Stoff, der aber stark franst, kann man ihn in Kombination mit anderen Materialien zu einem Wandbehang verarbeiten, da er dann kaum beansprucht wird.

Das Berechnen der Stoffmenge

Bevor man sich mit der Auswahl der Stoffe befasst, sollte man berechnen, wieviele Stücke man braucht, um das Projekt fertig zu nähen. Bei einem „Resten"-Quilt ist die Aufgabe nicht so schwierig, vorausgesetzt, dass genügend passende Stoffreste vorhanden sind. Ich möchte als Beispiel wieder auf das Musterquadrat „Grossmutters Wahl" zurückkommen. Anhand von Abbildung 106 erkennen wir, dass das Quadrat aus 21 Einzelteilen besteht. Planen wir einen Schoss-Quilt mit vier Quadraten in der Breite und vier in der Länge, müssen wir 16 Quadrate nähen. 16 Quadrate multipliziert mit 21 Einzelteilen ergibt ein schönes Anfängerprojekt von 336 Teilen (Abbildung 111).
Wählen wir die Quadratgrösse von 30 x 30 cm, und multiplizieren wir diese mit je vier in der Länge und Breite, so erhalten wir eine Patchworkfläche von 120 x 120 cm. Kombiniert mit einem Rahmen von 15 cm oder 20 cm wird die Decke auf eine ideale Grösse gebracht.
Dann erstellt man eine Skizze der zu verwendenden Teile und berechnet die nötige Anzahl. Addiert man alle Teile, kommt man wieder auf 336.
Nehmen wir nun an, der Stoff für das eine grosse Dreieck sei 90 cm breit. Wir markieren diese Breite auf dem Tisch oder benutzen irgendein gleich breites Stück Stoff. Die Dreieck-Schablone (ausgehend von einem Quadrat von 30 x 30 cm) ist ein-

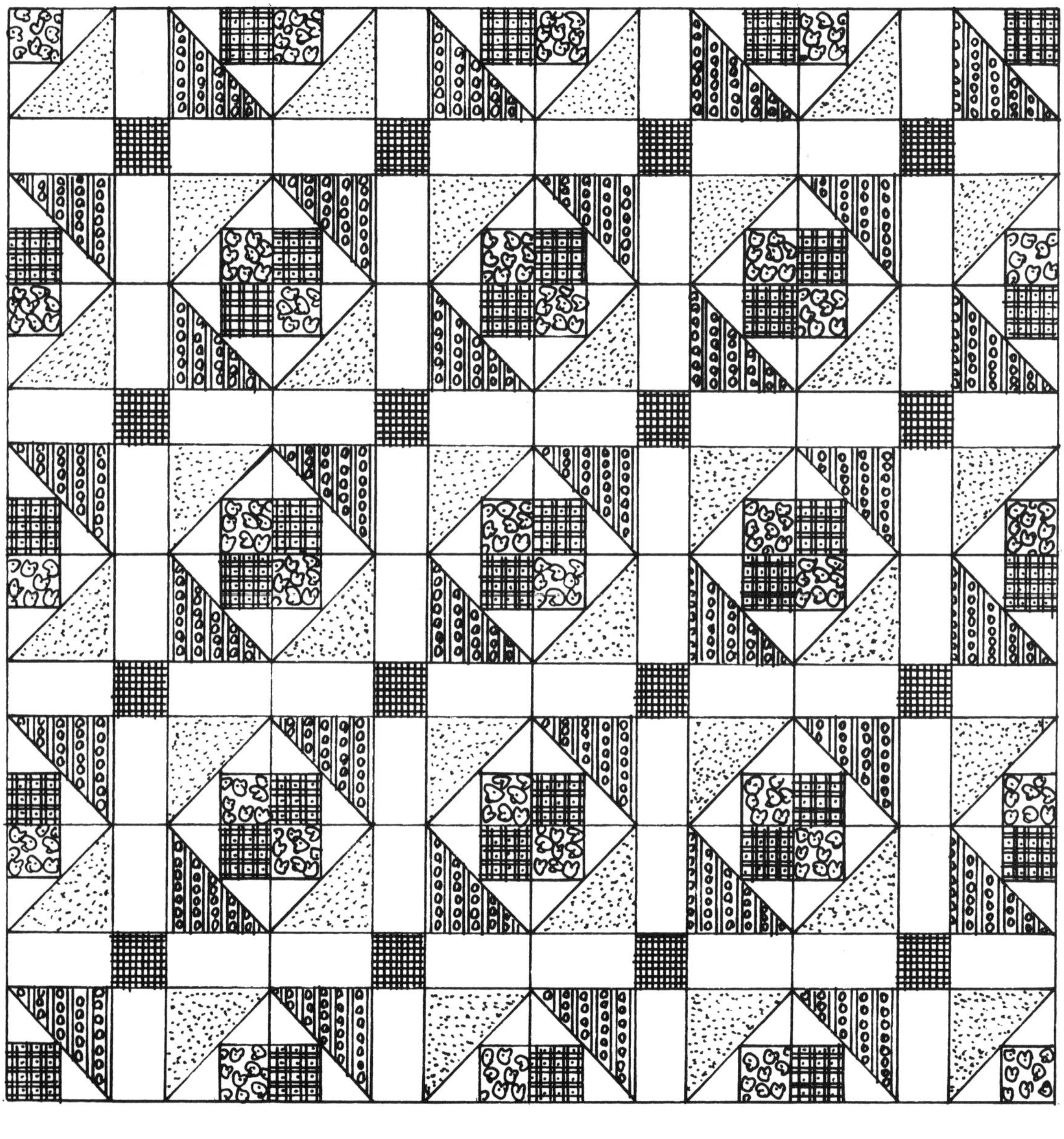

Abb. 111 Entwurf für einen Schoss-Quilt im Quadrat
Grossmutters Wahl (Grandmother's Choice)

schliesslich der Nahtzugabe 15,2 cm hoch und 15,2 cm breit. Das Dreieck passt fünf mal auf die Stoffbreite. Schiebt man die Teile ineinander (Abbildung 112), um so den Abfall möglichst klein zu halten, ergeben sich pro Reihe zehn Teile. Wir brauchen 32 Teile, so daß wir vier mal die Höhe von 15,2 cm benötigen, also etwa 61 cm Stoff. Ich würde jedoch etwa 75 cm Stoff kaufen, um allfälligen „Überraschungen" (fehlerhaftes Zuschneiden) zum vornherein entgegenzuwirken. – Das zweite gleich grosse Dreieck kommt ebenfalls 32 mal vor; man benötigt also die gleiche Stoffmenge. Die Quadratschablone ist einschliesslich Nahtzugabe acht cm gross und passt – bei grosszügiger Berechnung – neun mal in die Stoffbreite. 32 Teile sind nötig, also vier Reihen. Vier Reihen mal acht cm Höhe ergeben 32 cm, einschliesslich Zugabe 45 cm. Das zweite gleich grosse Quadrat, auch wieder acht cm gross, das aber nur 16 mal zugeschnitten wird, kann man einfach die Hälfte der vorher berechneten Menge annehmen (Abbildung 113). Allfällige Stoffreste wandern in die Restenkiste – der Traum einer jeden Quiltnäherin.

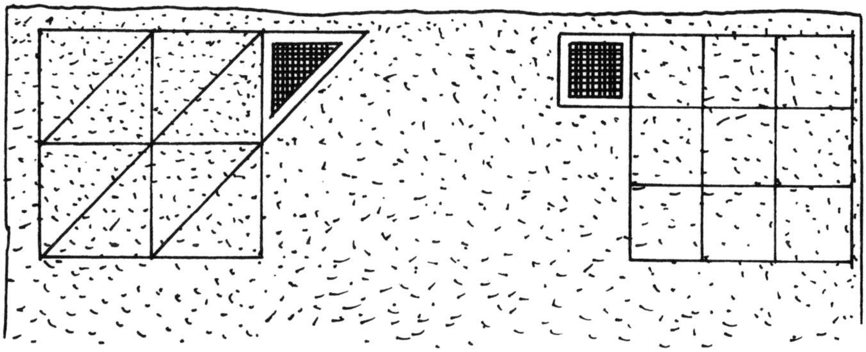

Abb. 112

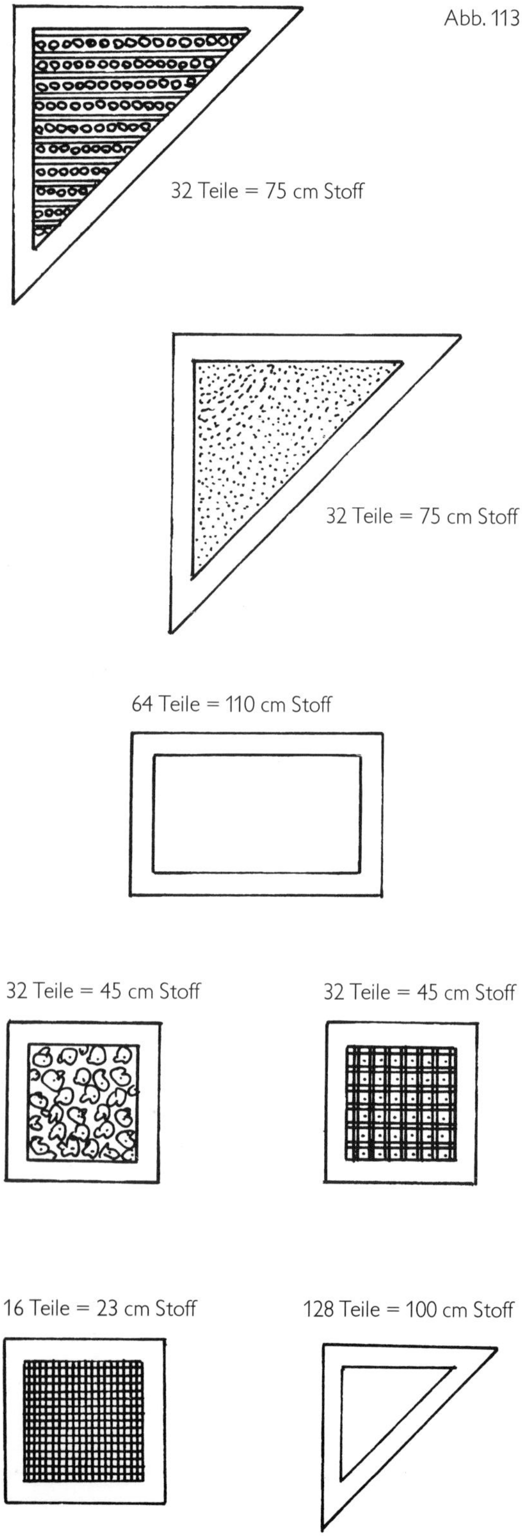

Abb. 113

Das Berechnen der neutralen Einsätze und Trennungsstreifen

Die Mengenberechnung für neutrale Einsätze ist einfach, weil sie sich ausschliesslich nach dem Muster und der Quadratgrösse richtet. Nehmen wir an, für den Entwurf „Grossmutters Wahl“ vier neutrale Einsätze bei einer Quadratgrösse von 30 x 30 cm vorzusehen, so müssen wir etwa 70 cm Stoff 90 cm breit (einschliesslich aller Zugaben) kaufen.
Nachdem sich unser Beispiel „Grossmutters Wahl“ für einen Entwurf mit Trennungsstreifen nicht eignet (der Gesamteindruck vermittelt bereits eine vertikale und horizontale Streifentrennung, siehe Abbildung 111), soll die nachstehende Zeichnung „Georgetown Circles“ die Berechnungsmethode veranschaulichen (Abbildung 114). Jedes Viereck misst 24 cm x 24 cm, und wir haben drei in der Breite und vier in der Länge. Um die Quadrate vertikal zu trennen, brauchen wir also 8 Streifen, 26 cm x 7 cm. (Das Mass setzt sich aus 24 cm für die Quadratbreite x 5 cm Streifenbreite plus 1 cm Nahtzugabe an jeder Seite zusammen.) Bei 90 cm Stoffbreite ergibt das drei Streifen aus einer Breite, so dass man drei mal die Höhe von 7 cm, nämlich insgesamt 21 cm für alle acht Vertikalstreifen benötigt.

Abb. 114

Die horizontalen Streifen überspannen drei Vierecke und zwei Streifen (24 + fünf + 24 + fünf + 24), also drei Streifen von 82 cm + 2 cm Naht in der Länge und 5 cm + 2 cm Naht in der Breite. Bei 90 cm breitem Stoff braucht man wiederum 21 cm, so dass man insgesamt 42 cm zuzüglich einer kleinen Reservemenge kaufen muss.
Bei einer grösseren Decke, wo die horizontalen Streifen länger ausfallen als die Stoffbreite, muss man anstücken. In dem Fall sollte mehr Stoff zur Verfügung stehen, damit die Nähte in die Mitte verlegt werden können.

Das Berechnen der Borte

Wie bereits im Abschnitt „Der Rahmen des Quilt" besprochen, lässt sich die Borte sehr schwer im voraus planen, es sei denn, man entwerfe eine Patchworkborte. In diesem Fall wird die Menge genauso berechnet wie bei der Patchworkfläche und auch im gleichen Verfahren in die Liste der Mengenangaben der einzelnen Teile einbezogen. Vielleicht haben Sie schon beim Farbentwurf eine gewisse Vorstellung über den Rahmen der Arbeit, so dass Sie die nötige Menge gleich zu Beginn berechnen und kaufen können. Das ist natürlich ideal.
Die meisten einfarbigen Stoffe sind stets erhältlich, so dass man einen im Patchwork verwendeten Stoff später nachkaufen kann, um den idealen Rahmen zu schaffen. Gibt es den gleichen Stoff nicht mehr, findet sich immer etwas Ähnliches, das die fertige Arbeit komplettiert.

Die Rückseite des Quilts

Die Rückseite kann je nach Wunsch des Quiltnähers aus einem einfachen Musselin, aus einem Stoff der Patchworkfläche oder aber aus einem beliebigen Material gearbeitet werden. Wenn die fertige Decke (Patchwork und Rahmen) die Stoffbreite (90 cm) nicht überschreitet, benötigt man nur einmal die Länge. Arbeitet man an einem grösseren Quilt, benötigt man zweimal die Länge. Die zwei Längen werden zusammengenäht, die Naht in die Mitte der Arbeit gelegt und der Überschuss an beiden Seiten abgeschnitten. So sieht die Decke auch auf der Rückseite ordentlich aus.

Hell- und Dunkelwerte bei der Stoffwahl

Kaufen Sie die Stoffe nie unabhängig voneinander, weil erst das Auge entscheiden kann, ob die gewählten Farben und Drucke das gewünschte Bild vermitteln. Beachten sollte man den Helligkeitsgrad der gewählten Stoffe, damit die geplanten Hell- und Dunkelwerte richtig zur Geltung kommen. Ein dunkelroter Stoff scheint auf dem Ladentisch vielleicht dunkler als ein beiger mit vielen dunkelblauen Blümchen, in der Wirkung aber können sie beide dunkel scheinen und entsprechende Figuren, gemäss Farbentwurf, im Patchwork ausfüllen. Ich teste diese Wirkung, übrigens auch im Farbentwurf auf dem Papier, indem ich die Augen zudrücke, bis ich beim Hinschauen fast keine Farbe, sondern nur noch hell und dunkel erkennen kann. Stoffe mit unterschiedlich grossen Mustern beleben das Patchwork. Hat man einmal die nötige Sicherheit, wird man gerne weiter ausholen und nach neuen Möglichkeiten suchen. So ist zum Beispiel mein Blue Jeans Quilt entstanden: Ich wollte etwas Neues kreieren. Die Jeans-Welle bot sich an, und Freunde kamen mit den ausrangierten Hosen ihrer Kinder. Unzählige Gebrauchtwarengeschäfte in Manhatten wurden durchsucht, bis ich etwa 50 verschiedene Blautöne besass. Ausser der Decke (Abildung 115) habe ich auch Kissen für unsere Söhne genäht, zu denen sie eine besondere

Beziehung haben, da ihre alten Hosen und geliebten Jacken darin enthalten sind, sowie die Gartenhose vom Vater und ein Stück Rock der Lieblingslehrerin. Man sieht: Alle sammelten voller Begeisterung mit.
Eine Bekannte wagte sich an ein anderes Experiment: Sie nähte ein Kinderkleidchen aus nur weissen Stoffen mit den verschiedensten Strukturen, aber alle etwa in der gleichen Stärke.
Das Patchworkkleidchen sah reizend aus und wurde ein voller Erfolg.
Für unsere Kinder und ihre Freunde habe ich auch schon Kordsamtkissen passend zu ihrem Zimmer genäht. 55 x 55 cm gross eignen sie sich gut zum Liegen, als Sprungmatratze oder als Seelentröster.
Die angeführten Beispiele zeigen, dass den Ideen keine Grenzen gesetzt sind und alle Möglichkeiten offen stehen. So können Sie Ihre eigenen Patchworkarbeiten kreieren.

Abb. 115 Quilt aus etwa 50 verschiedenen Jeans. 170 x 220 cm. 1975.
(Gearbeitet und im Besitz der Autorin)

Farbenprobe und Stoffbehandlung

Alle zur Verarbeitung vorgesehenen Stoffe (ich denke vor allem an Baumwolle und Baumwoll-Mischgewebe) werden gewaschen, damit sie alle gleichmässig, wenn überhaupt, eingehen und nicht später Probleme aufwerfen. Es gibt nichts Ärgerlicheres als ein Quilt, in dem nach der Wäsche alle Dreiecke einer bestimmten Stoffart eingehen, während die übrigen Teile unverändert bleiben. Im Extremfall kann diese stoffliche Veränderung zu Saumrissen führen. Das Waschen hilft ausserdem mit, die Farbechtheit zu prüfen, denn auch heute passiert es, dass eine Farbe ausläuft und so das Patchwork verderben könnte. Besonders empfindlich sind rote Farbtöne; ich würde auf jeden Fall einen Farbtest (lauwarm waschen, auf weissem Untergrund ausdrücken) machen, um sicher zu gehen. Verliert ein Material nach mehrmaligem Einweichen noch immer Farbe, versucht man, mit einer Essigspülung die Farbe zu festigen. Wenn auch diese Lösung fehlschlägt, würde ich eine andere Stoffwahl vorschlagen.
Gewaschene, gebrauchte, gefaltete oder zerknitterte Stoffe müssen glatt gebügelt werden, bevor sie weiterverarbeitet werden.
Und nicht zuletzt ein – wahrscheinlich selbstverständlicher – Hinweis: Arbeiten aus Seide, Samt, Wolle oder besonders gekennzeichneten Stoffen chemisch reinigen lassen.

DAS NÄHEN DER PATCHWORKFLÄCHE

Ehe man zu nähen beginnt, ordnet man die nötigen Werkzeuge griffbereit und organisiert den Arbeitsplatz.
Ich habe einen Platz eingerichtet, wo ich meine Arbeit, ohne aufzuräumen, liegen lassen und jederzeit ohne grosse Vorbereitung wieder aufnehmen kann.
Das Bügelbrett steht zu meiner rechten Seite, sitzend bequem erreichbar, ebenso ein Dampfbügeleisen sowie ein feuchtes Tuch, das ich für schwer bügelbare Stoffe brauche. Ferner habe ich einen gut gespitzten Bleistift, einen spitzen Kreidestift, einen Spitzer (die Stifte immer wieder spitzen!), Scheren, Schablonen und Stoffe.
Die vorgefertigten Schablonen haben in unserem Beispiel eine Nahtzugabe von 1 cm. Das erleichtert unsere Arbeit insofern, als die neuen Maschinen gewöhnlich rechts neben der Nadel in verschiedenen Abständen Millimetermarkierungen bis 1 cm aufweisen. Diese Markierung hilft, die richtige Saumbreite einzuhalten und damit eine exakte Arbeit zu garantieren. Fehlen diese Markierungen bei einer älteren Nähmaschine, so kann man dieses Hilfsmittel selbst anbringen: Man führt die Nadel hinunter, und misst von der Spitze nach rechts genau einen Zentimeter ab. An der Markierungsstelle wird in vertikaler Richtung ein Stück Heftpflaster oder Tesafilm angebracht. Die verschiedenen Nahtzugaben können auf diese Art festgelegt werden. Es empfiehlt sich, diese Markierung von Zeit zu Zeit zu prüfen, damit sich keine Ungenauigkeiten einschleichen.

Das Zuschneiden

Ob man gleich alle Teile für die gesamte Arbeit zuschneidet oder lieber ein Quadrat nach dem anderen, bleibt jedem selbst überlassen.
Bei der ersten Arbeit empfehle ich, vorab ein Quadrat zuzuschneiden und zu nähen, bevor das nächste in Angriff genommen wird. Man kann sich auf diese Weise allmählich an die Arbeit gewöhnen. Passiert einem ein Fehler, kann er im nächsten Quadrat vermieden werden. Welche Fehler kann man überhaupt beim Zuschneiden nach Schablonen machen? Ich denke dabei nicht an Quadrate oder Rechtecke, sondern zum Beispiel an Rhomben (Abbildung 116). Quadrate und andere regelmässige geometrische Figuren können beliebig auf der Vorder- oder Rückseite des Stoffes aufgelegt und zugeschnitten werden: sie

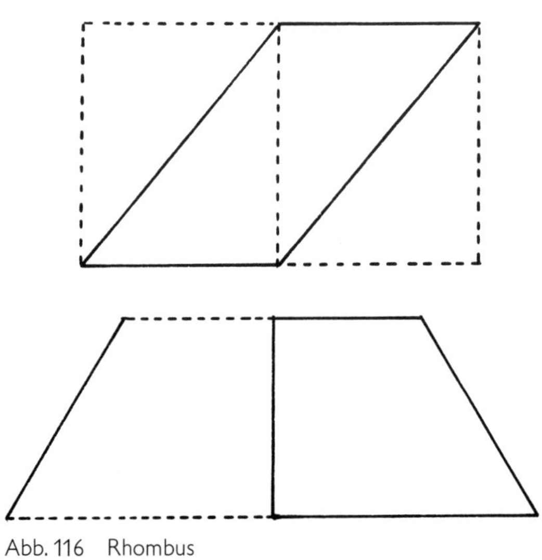

Abb. 116 Rhombus

passen immer. Bei Rhomben hat man eine linke und eine rechte Seite; beim Zuschneiden muss diese Tatsache unbedingt beachtet werden! Ich bin zu meiner grossen Überraschung auf verkehrtes Zuschneiden aufmerksam geworden, als ich an einem Quilt mit dem „Eastern Star"-Quadrat (Abbildung 226, mit Rhomben gezeichnet) arbeitete. Plötzlich hatte ich nur Teile in einer Richtung, die nicht zusammenpassten.
Wie bereits erwähnt, schneidet man die Stücke möglichst dicht aneinander, wie in einem Puzzle. Man spart übrigens nicht nur Material sondern auch Zeit beim Schneiden (Abbildung 112).
Die hellen Stoffe werden mit Bleistift, die dunklen mit Kreidestift markiert. Manche Quiltnäher benutzen Filzstifte mit sehr feinen Spitzen in starken Kontrastfarben. Trifft man diese Wahl, sollte man aber sicher sein, dass diese Farben auswaschbar sind und nicht verlaufen!
Die Schablone wird auf der linken Seite des Stoffes aufgelegt, mit dem Stift nachgezeichnet und der Linie entlang ausgeschnitten. Zu dicke Striche führen zu ungenauen Schnittkanten und somit zu Ungenauigkeiten im Patchwork. Hat man die Teile für ein oder mehrere Quadrate ausgeschnitten und sortiert, beginnt die Näharbeit.

Das Zusammennähen

Die Arbeitsvorgänge erkläre ich anhand des einfachen „Whirlwind"-Quadrates (Abbildung 117):
Die Grundidee ist bei allen Patchworkarbeiten die gleiche: Man fügt die kleinen Teile zu grösseren Einheiten zusammen und verbindet eine Einheit mit der anderen, bis ein Quadrat vollendet ist. An unserem Beispiel sieht das so aus, dass zuerst je ein kleines Dreieck mit einem halben Trapez verbunden wird. So entstehen vier grössere Dreiecke. Von diesen werden jeweils zwei miteinander wiederum zu einem grösseren Dreieck zusammengenäht. Zum Schluss verbindet man die beiden Dreiecke zu einem Quadrat (siehe Abbildungen 118 bis 123).

Abb. 117 Wirbelwind (Whirlwind)

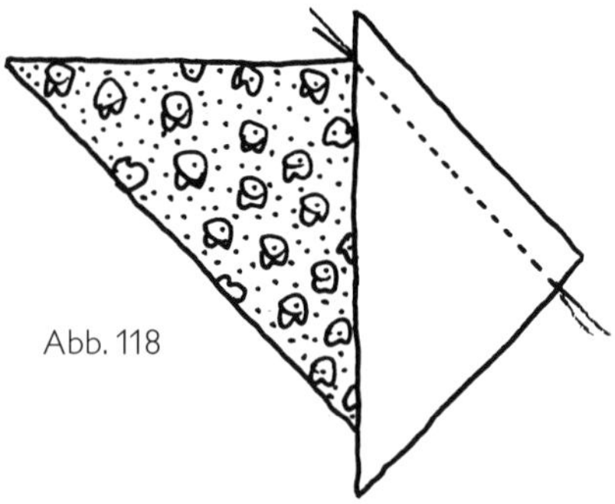

Abb. 118

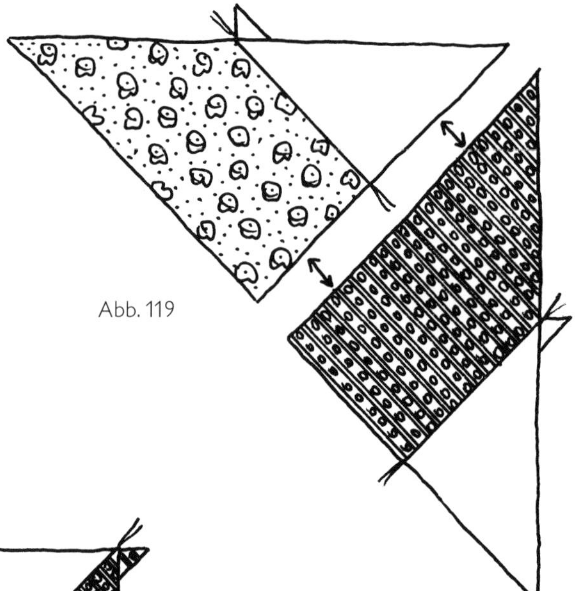

Abb. 119

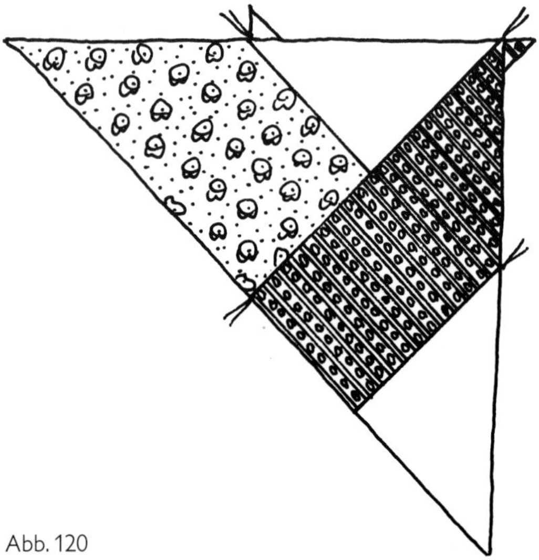

Abb. 120

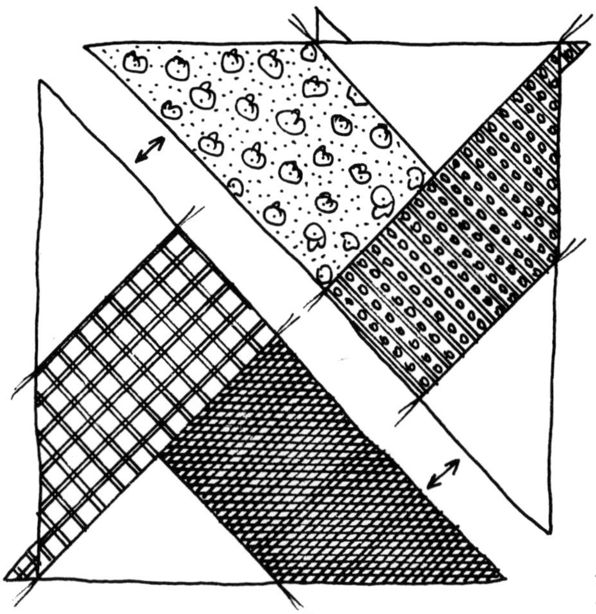

Abb. 121

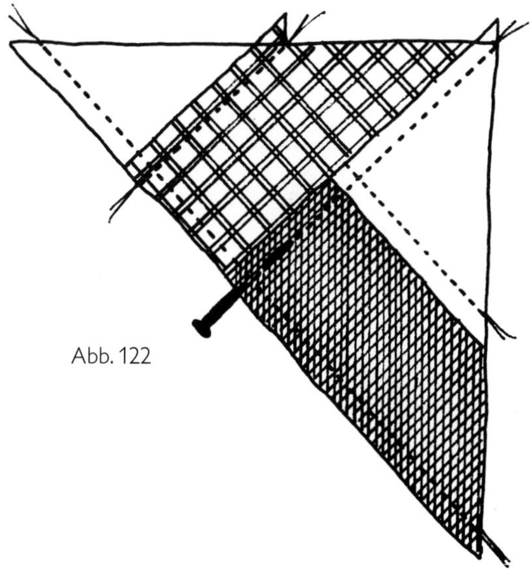

Abb. 122

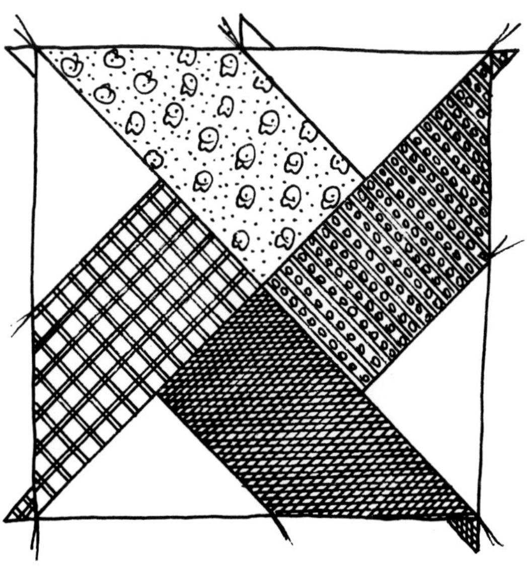

Abb. 123

Näht man Quadrate, die Teile mit langen, diagonalen Seiten enthalten, empfiehlt es sich, die diagonalen Kanten nicht Ecke auf Ecke (Abbildung 124) zu legen, sondern die Teile um die Breite der Naht zu verschieben (Abbildung 125). Um langes Experimentieren zu vermeiden, heftet man zwei Teile mit Stecknadeln an der geplanten Naht zusammen. Öffnet man die Arbeit, sieht man, ob die Teile in der richtigen Position fixiert wurden oder ob eine Änderung notwendig ist. Wenn die Kanten gut übereinstimmen, näht man die Naht und benutzt das fertige Teil als Vorlage, bis alle Quadrate fertig sind.

Abb. 124

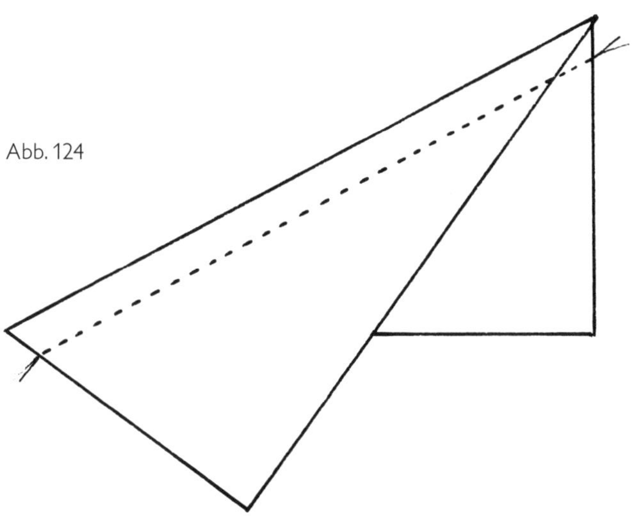

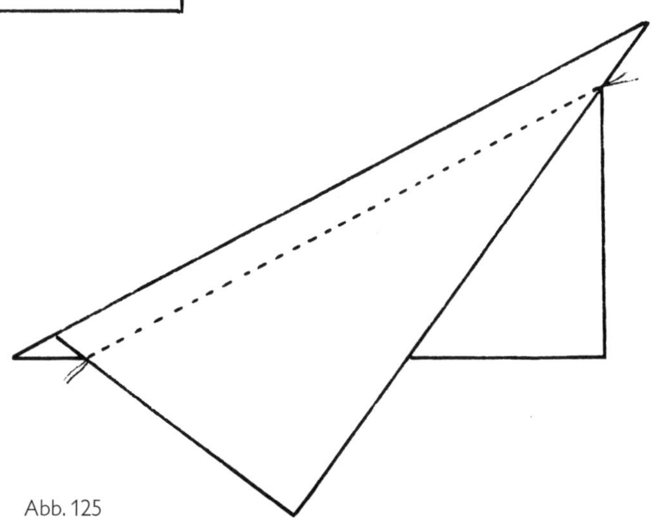

Abb. 125

An dieser Stelle muss ich auf die Bedeutung des Bügelns beim Patchwork hinweisen. Im Patchwork gehen Nähen und Bügeln Hand in Hand, um eine schöne, saubere Arbeit anzufertigen. Jede Naht, auch die kürzeste, muss vor dem Weiternähen flach gebügelt werden. Von der rechten Seite aus wird die Naht, mehr drückend als schiebend, nach der dunkleren Stoffseite umgebügelt. Ich betone die drückende Bewegung besonders, weil Dreiecke und manche andere geometrische Teile an einer oder mehreren Seiten im Stoff diagonal ausgeschnitten werden müssen und sich beim Bügeln stark verziehen können. – Das Bügeln aller Nähte garantiert eine ordentliche Arbeit, und man wird zudem später nicht von eingenähten Fältchen überrascht. Auch wird die Patchworkfläche glatt, weil man eine einfache Naht wesentlich besser als Doppelnähte bügeln kann.

Um die Einheiten an zusammentreffenden Nähten exakt zu vernähen, muss man heften. Nicht mit Faden, das ist bei Patchwork selten nötig, sondern mit Stecknadeln. Man legt die beiden zu verbindenden Nähte sauber übereinander und durchsticht den Kreuzungspunkt mit der Nadel. Beim Nähen mit Maschine lässt man die Nadel drin, bis die Stelle übernäht ist. Es ist unwahrscheinlich, dass die beiden Nadeln aufeinandertreffen und zerbrechen. Das ist mir bis heute noch nie passiert.

Ist das erste Quadrat gut ausgefallen, nähen wir die anderen in der gleichen Reihenfolge zusammen. Mit der Übung nimmt die Sicherheit zu: Man braucht nicht ständig nachzuprüfen, man kann eine Art Fliessbandarbeit einführen, die Zeit spart. Statt jedes Stück einzeln zu nähen, unter der Maschine hervorzuziehen, abzuschneiden und mit dem nächsten Stück zu beginnen, lässt man die vernähten Teile unter der Maschine. Man zieht nur ein kleines Stück Faden heraus, lässt das vernähte Teil nach hinten hängen und fängt mit der nächsten Einheit an. Ist diese vernäht, zieht man sie wieder nach hinten und lässt sie hängen. Auf diese Art kann man eine ganze Kette von Einheiten ohne Unterbrechung zusammennähen und erspart sich viele kleine Handgriffe. Später schneidet man sie auseinander und bügelt sie nacheinander. Machen Sie sich keine Sorgen um das Verstechen der Fäden! Nachdem die Nähte später in der Weiterverarbeitung mit anderen Nähten überkreuzt werden, besteht keine Gefahr des Aufgehens.

Hat man alle geplanten Quadrate genäht, geht man zur nächsten Stufe über und verbindet die Quadrate zu einer horizontalen Reihe (Abbildung 126).
Es passiert natürlich immer wieder, dass sich kleine Unebenheiten ergeben und dass die Stoffkanten nicht ganz genau aufeinander passen. Damit muss man rechnen und lernen, diese kleinen Fehler auszugleichen. Die Hauptsache ist, dass die Nähte genau zusammentreffen, sind diese Nahtkreuzungen doch später Blickpunkt des fertigen Patchworks. Hat man die Quadrate zu Reihen zusammengefügt, werden die Reihen zusammengenäht, bis die ganze Fläche fertig ist. Das Wichtigste dabei ist, dass sowohl die Nähte innerhalb der Quadrate als auch die Verbindungsnähte der Quadrate korrekt aufeinander treffen. Stecknadeln sind unerlässlich, und ich empfehle, jeweils gleich eine ganze Reihe zu heften.

Bemerkt man während des Heftens, dass ein Teil der einen Reihe etwas grösser ist und fältelt, ist es ratsam, dieses Stückchen mit Faden zu heften, um so die Weite einzuhalten. Beim Nähen mit der Maschine verteilt sich diese Weite meistens und lässt sich danach glatt bügeln.

Abb. 126

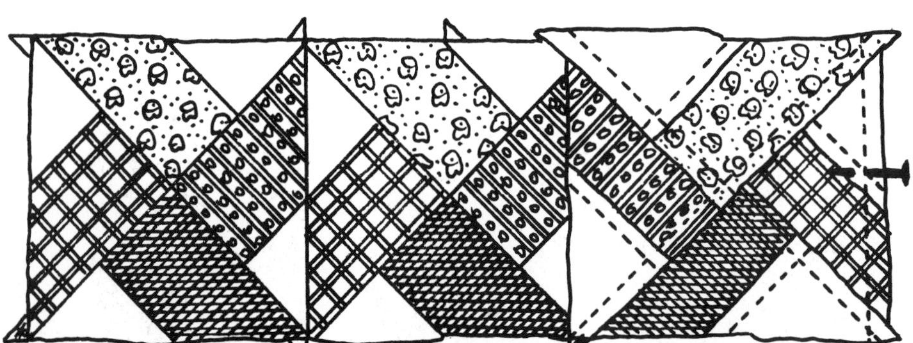

Das Einsetzen von Trennungsstreifen und neutralen Einsätzen

Enthält der Patchworkentwurf Trennungsstreifen, werden nach dem Nähen aller Quadrate die Stoffstreifen geschnitten.
Die geschnittenen Kanten des Stoffes sollten fadengerade sein. Wenn nicht, muss man sie selbst begradigen, indem man den Stoff einige Zentimeter von der Schnittkante entfernt faltet und die Webkanten aufeinander legt. Der entstandene Stoffbruch wird umgebügelt, und die Kante kann gerade geschnitten werden. Mit Lineal und Kreide wird der Stoff in der erwünschten Streifenbreite markiert, danach werden die Punkte mit einer geraden Linie verbunden. Der Streifen wird der Linie entlang abgeschnitten.
Aufgrund der Berechnung (näher erläutert unter „Das Berechnen der Trennungsstreifen und neutralen Einsätze") schneidet man die kurzen, vertikalen Streifen, die für die Anreihung der Quadrate in horizontalen Reihen benötigt werden, zu und setzt sie ein (Abbildung 127). Sind alle Reihen genäht, schneidet man die längeren Querstreifen zu. Dann setzt man Reihe an Reihe, jeweils von einem horizontalen Streifen unterbrochen, bis die gesamte Fläche fertig ist.
Enthält der Entwurf neutrale Einsätze, arbeitet man ähnlich wie bei einer gewöhnlichen Patchworkfläche – mit dem Unterschied, dass einzelne Quadrate aus unifarbenem Stoff dazwischengesetzt werden müssen.
Man zeichnet diese Quadrate in der richtigen Grösse plus Saumzugabe auf den Stoff auf und schneidet sie aus. Das Aufzeichnen kann entweder mit einer angefertigten Schablone oder aber mit Lineal und rechtem Winkel geschehen. Welchen Weg man auch immer wählt, das Wichtigste ist, die 1 cm Saumzugabe an allen vier Seiten, damit das Viereck mit dem Mass des Patchworkquadrates voll übereinstimmt und somit ein exaktes Zusammentreffen der Fläche garantiert.

Abb. 127

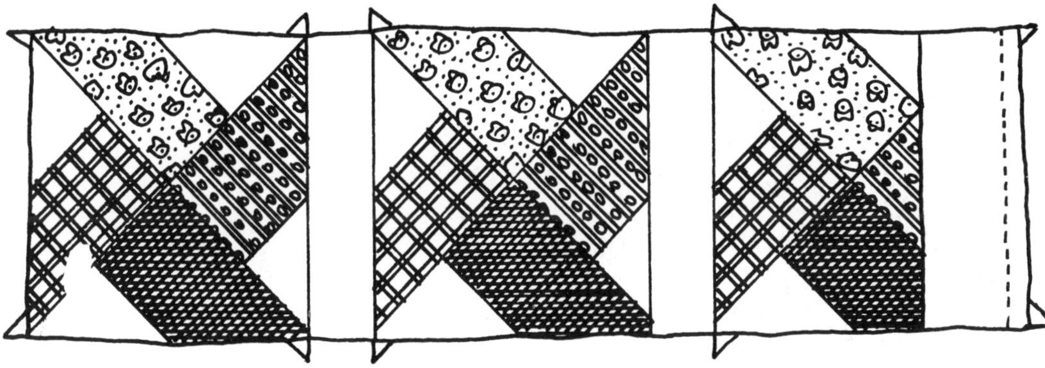

DAS STEPPEN DES QUILTS

Bei den alten Quilts bestechen vorallem die phantastischen Stepparbeiten, die seinerzeit aus reiner Notwendigkeit entstanden! Man suchte nach Wegen, die drei Lagen der Decken (Patchwork oder applizierte Oberfläche, Füllung und Rückseite) dauerhaft und fest miteinander zu verbinden. Mit kleinsten fortlaufenden Stichen arbeitete man die schönsten Muster ein, die die Arbeit nicht nur schmückten sondern auch prägten.
Als Füllung benutzte man Baumwolle, die glattgezupft werden musste. Die Abstände zwischen den Reihen mussten deshalb sehr eng gehalten werden, damit das Material nicht verrutschte und zusammenballte. So entstanden die verschiedenen Quiltmuster – teilweise Meisterwerke der Handarbeit –, die man entweder allein oder zusammen mit anderen anwendete.
Durch die Entwicklung der Dacron-Füllung, die in glatten Lagen und verschiedenen Grössen angeboten wird, hat man eine grössere Auswahl an Quiltmustern: Man braucht die drei Lagen nicht mehr mit engsten Quiltlinien zusammenzuhalten. Die Dacron-Füllung gestattet, Abstände bis etwa 15 cm in unser Quiltmuster einzuplanen. Wir können entweder eines der überlieferten Muster wählen, ein Gesamtmuster einarbeiten oder ein Muster selbst entwerfen, solange wir nur das eine Ziel anstreben: eine Harmonie zwischen Quiltoberfläche und Steppmuster zu erreichen.

Gesamtmuster

Sie eignen sich für Quilts mit ausdrucksvoller Patchworkarbeit. Ein sich wiederholendes Muster wird auf der gesamten Fläche eingearbeitet (Abbildungen 128 und 152). Gesamtmuster geben dem Quilt eine interessante Oberflächenstruktur, ohne das Patchwork oder die Applikation zu konkurrieren. Hat man eine Arbeit mit einem breiten Rahmen, kann man das Gesamtmuster entweder mit in die Borte einbeziehen oder aber als Kontrast eine weichere, kurvenreichere Stepperei wählen.

Abb. 128 Vorschläge für das Steppen eines Gesamtmusters

Umriss-Stepperei

Die Umriss-Stepperei ist eine traditionelle Form des Quiltschaffens, wobei die geometrischen Figuren im Quadrat innerhalb der Naht abgesteppt werden. In den Abbildungen 132 bis 134 zeige ich einige Möglichkeiten auf, die meist auf der überlieferten Schattierung von Hell und Dunkel basieren. Das Ergebnis ist durchwegs ausdrucksvoll, weil erst das Steppmuster die Patchworkarbeit vervollständigt. Früher musste man praktisch jede Figur des Entwurfs umstechen, um die Baumwollfüllung in der richtigen Lage festzuhalten. Heute kann man entweder diejenigen geometrischen Figuren betonen, die im Patchwork kaum in Erscheinung treten, oder aber diejenigen hervorheben, die ohnehin Blickfang sind. So bekommt die fertige Arbeit eine neue Dimension.
Die Umriss-Stepperei ist ideal für Applikationen. Hier kann man die einzelnen Teile mit einfachen Stichen umrahmen oder aber in gleichmässigen Abständen von etwa 1½ cm bis 2½ cm mehrere Reihen nähen (Abbildung 129). Die fertige Arbeit mutet zart und beweglich an, wie Wellen, die sich ausbreiten und fortbewegen, um sich später zu berühren.
Diese sogenannte Echo-Stepperei wirkt auch auf der Rückseite des Quilts.
In diesem Zusammenhang möchte ich auf den Abstand der Stepperei zur Naht hinweisen. Damit man nicht durch alle drei Lagen sowie sämtliche Nahtzugaben durchstechen muss – das ist wirklich schwierig und führt zu ungenauen Stichen – empfehle ich, die Stepplinie in der gleichen Breite der Nahtzugabe anzulegen.

Abb. 129 Umriss-Stepperei. In gleichmässigen Abständen in mehreren Reihen ausgeführt wird sie Echo-Stepperei genannt.

Abb. 130 Steppmuster-Detail des Quilts Zum Lächeln geneigt (Inclined to Smile). Bei genauer Betrachtung des Quilts auf Seite143 erkennt man, dass seine Streifenkomposition mit diesem Steppmuster harmoniert.
(Susan Hoffman, New York)

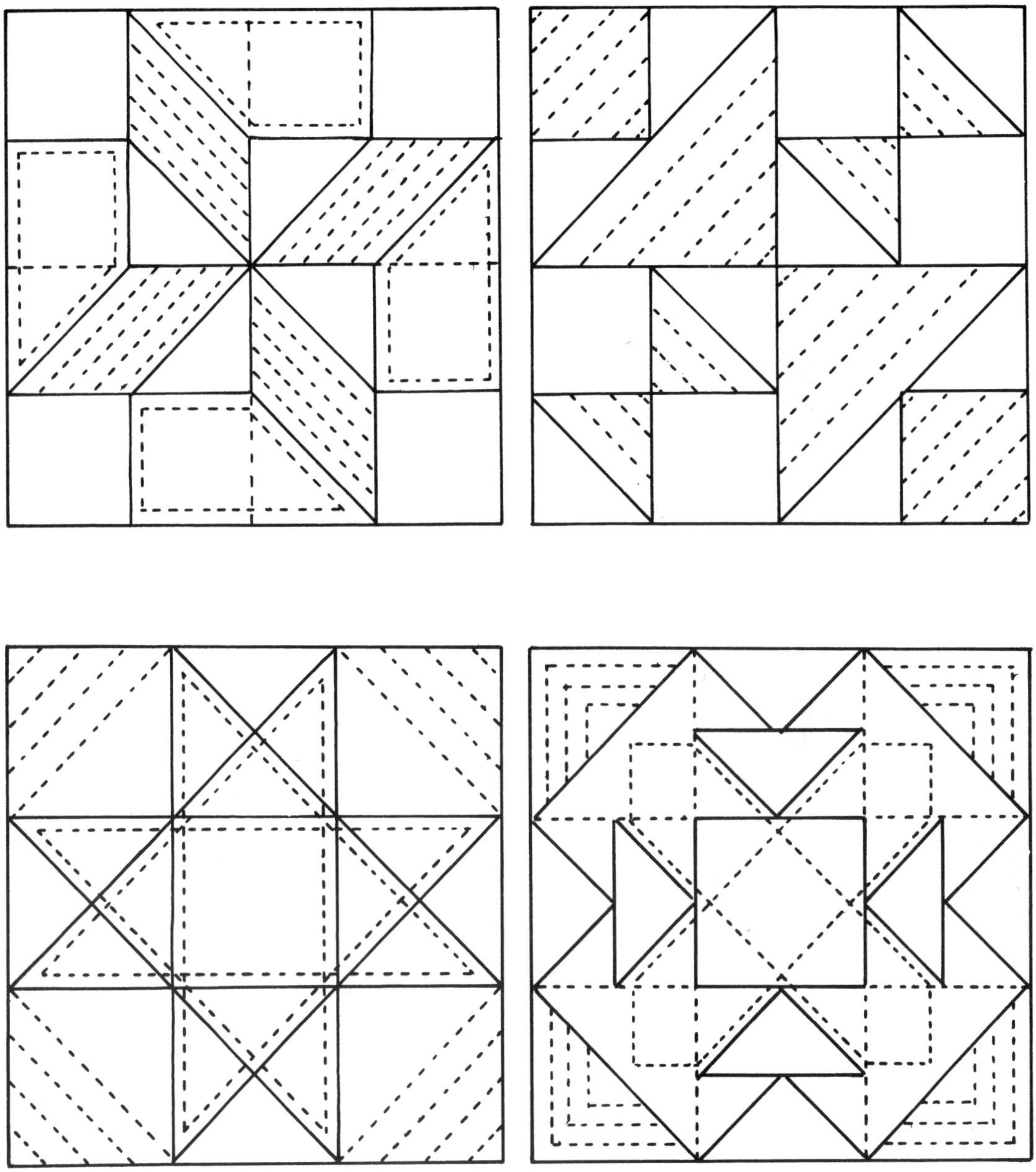

Abb. 132

Abb. 131 Quilt-Detail von Sommersterne (Summer Stars). Umriss-Stepperei von Hand ausgeführt. 1975.

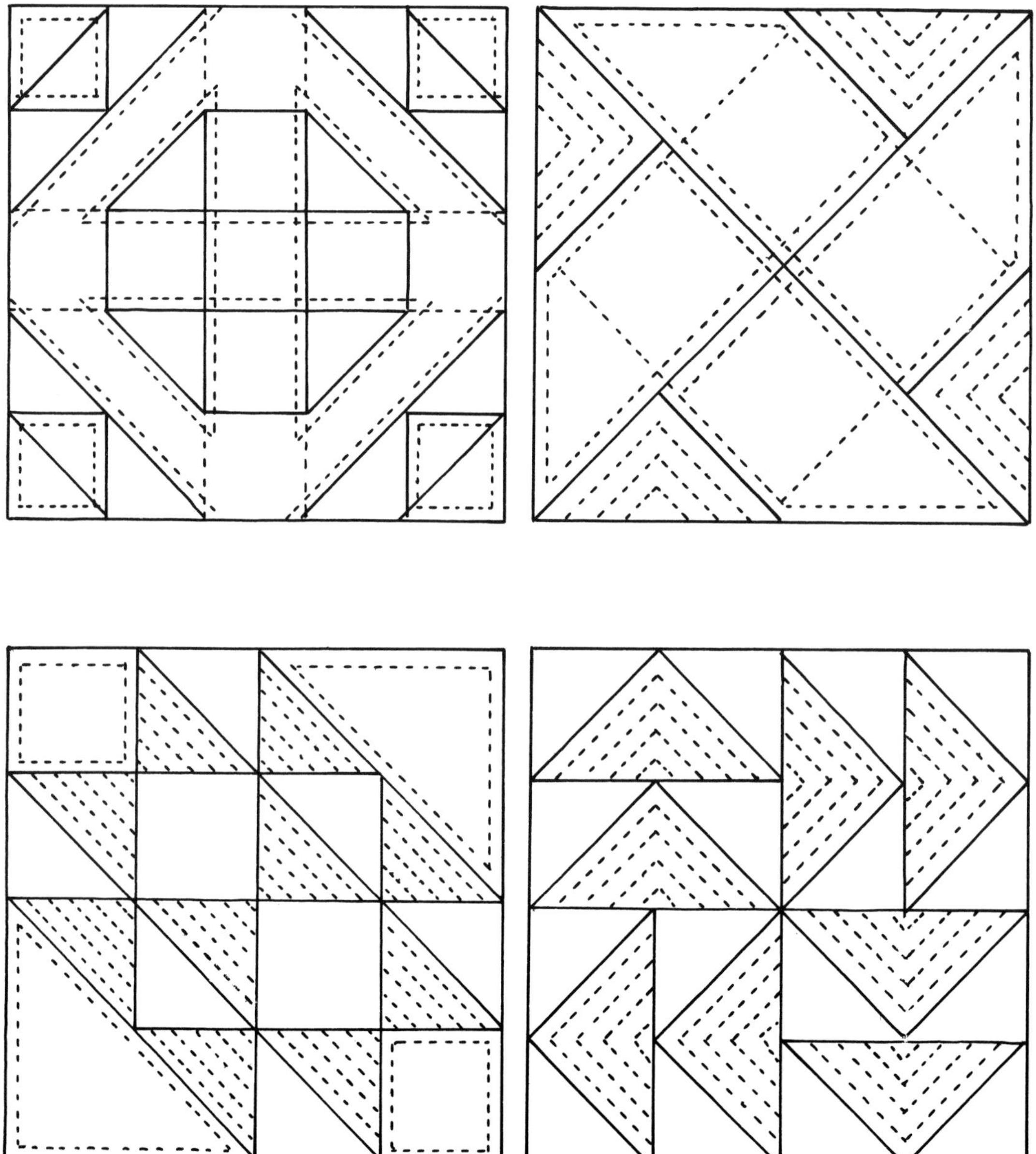

Abb. 133

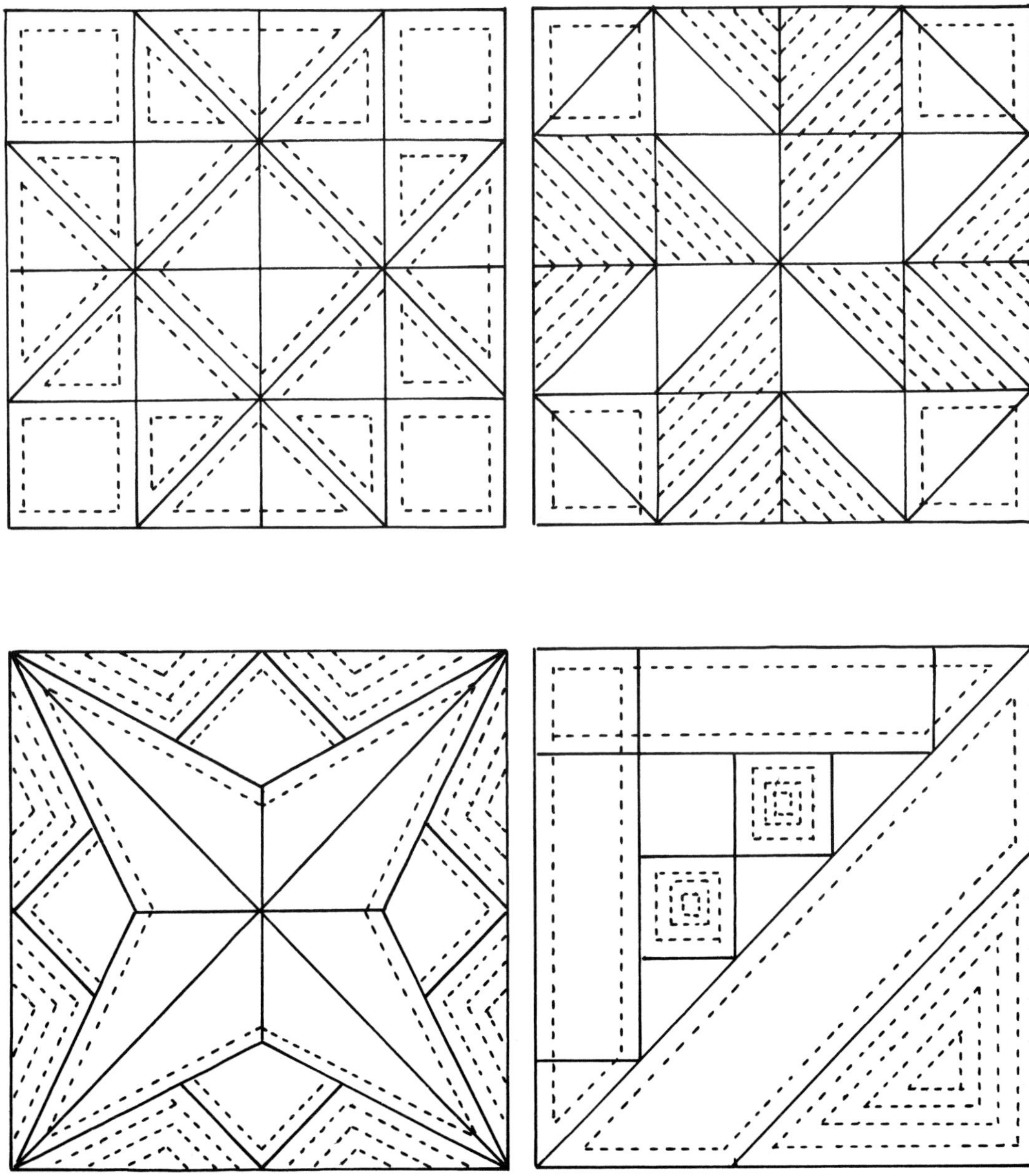

Abb. 134

Frei entworfene Steppmuster

Will man sich an kein erprobtes Steppmuster halten, kann man seiner Phantasie freien Lauf lassen: Blattformen, Zick-Zack-Linien, eine Ranke, Wellenlinien oder eine geometrische Figur, die man als Gesamtmuster einarbeitet. Vielleicht findet man ganz plötzlich durch das Verbinden bestimmter Linien ein eigenes Steppmuster. So entstand zum Beispiel das Quiltmuster im „Königskrone"-Quilt (Abbildung 160), das gut mit dem Patchwork harmoniert und sich ausserdem problemlos zur Borte fortführen liess. – Im „Sonnenaufgang" (Abbildung 91) ergab sich das Quiltmuster auch von selbst. Ich wollte lediglich den Eindruck des Patchworks verstärken: das Streben der Sonnenstrahlen nach oben. So spielen Patchwork und Steppmuster eine gleichgrosse Rolle und erzielen im Zusammenspiel eine optimale Wirkung. Die Künstlerin Susan Hoffman hat diese Harmonie in ihren Arbeiten erreicht; vor allem bei der Abbildung 14 „Eine Erfindung im Sinne von J. S. Bach" wird dies deutlich.

Alternativen zum Steppen

Ehe ich auf die weiteren Arbeitsgänge der Quiltarbeit eingehe, muss ich erwähnen, dass einige Leser ihre Arbeiten vielleicht gar nicht steppen wollen. Welcher Grund auch immer zu diesem Entschluss führt: Es gibt einige Alternativen, die das beste Stück Patchwork trotzdem zur Wirkung kommen lassen und es vor der Flickenkiste bewahren. Arbeitet man an einem kleinen Objekt, fällt die Wahl nicht schwer. Man kann zum Beispiel ein kleines Viereck auf einen Holzrahmen spannen und es als Dekoration verwenden. Eine Kissenplatte kann, muss aber nicht gesteppt werden. Sie wird mit einer Rückseite und einem seitlichen Reissverschluss versehen.
Hat das Patchwork die Grösse einer Decke, ist wünschenswert, die Arbeit mit einer Füllung und einer Rückseite zu versehen und die drei Lagen miteinander zu verbinden.

Unsichtbare Knoten kann man entweder an jedem Kreuzpunkt der Patchworkarbeit einarbeiten oder in einem bestimmten Muster, in dem sich die Knoten wiederholen. Der Abstand von einer Stelle zur andern sollte 15 cm nicht überschreiten, damit die drei Lagen sicher miteinander befestigt sind und nicht verrutschen können. – Um einen Knoten zu machen, sollte man einen Faden wählen, der farbmässig gut passt und wenig auffällt. Nach dem Einfädeln macht man einen Knoten am

Ende des Fadens und sticht an der vorgesehenen Stelle von hinten her durch die Arbeit, zieht den Faden durch die Rückseite, bis er innerhalb der Arbeit hängen bleibt (nicht zu stark ziehen, sonst rutscht er nach vorn durch). Dann sticht man drei- oder viermal an der gleichen Stelle hin und zurück und macht wiederum einen kleinen Knoten, nahe an der Austrittstelle des Fadens. Schliesslich wird der Faden durch die Füllung nach oben gezogen und abgeschnitten.

Dekorative Schleifen oder Knoten haben die gleiche Funktion wie ein unsichtbarer Knoten, allerdings verwendet man einen dickeren Faden. Knopflochseide, dünnes Wollgarn oder Stickgarn eignen sich gut dafür. Man nimmt in diesem Fall eine Nadel mit einem grossen Öhr, durch das man etwa drei oder vier Fäden zieht. Die Nadel wird von der Patchworkseite her nach hinten durchgestochen und sehr nahe der ersten Einstichstelle wieder nach vorn gebracht. Dann verknotet man die Fäden einige Male und schneidet sie entweder ab oder lässt sie zur Zierde hängen. – Eine Schleife ist bei einem nicht zu lebhaften Patchwork eine attraktive Lösung. Allerdings sollte sie doppelt verknotet werden, damit sich die Verankerung nicht löst, wenn die Schleife einmal hängenbleibt und aufgeht.

Knöpfe sind als Befestigung schon lange bekannt; sie werden seit vielen Jahren bei Steppdecken verwendet, um ihnen Festigkeit zu verleihen. Manchmal wird nur ein Knopf verwendet, entweder auf der Vorder- oder der Rückseite – ganz wie es am besten zur Patchworkarbeit passt. Um eine optimale Haltbarkeit zu erzielen und das Einreissen des Stoffes auf der Seite ohne Knopf zu vermeiden, kann man auch zwei Knöpfe benutzen. Die Knöpfe brauchen nicht gleich gross zu sein, doch die Löcher müssen exakt aufeinanderpassen. Dann näht man durch einen Knopf, durch die drei Lagen der Decke und zuletzt durch den Knopf auf der Rückseite der Arbeit, bis die Stelle fest verankert ist.

Gute Resultate lassen sich mit vorfabrizierten Steppstoffen erzielen, die man in Spezialgeschäften findet. Es hängt von der Grösse der Patchworkarbeit ab, ob eine Breite ausreicht oder ob man Anstücken erwägen muss. Nachdem dieses Material keine zusätzliche Rückseite erfordert, ist es wünschbar, die Nähte im Steppstoff so zu planen, dass sie einen sauberen Anblick bieten. Man schneidet den Steppstoff in der gleichen Grösse zu wie das Patchwork und legt ihn – mit der linken Seite nach unten – auf einem grossen Tisch oder auf dem Fussboden aus. Das Patchwork wird nochmals sorgfältig gebügelt und danach so auf den Steppstoff aufgelegt, dass die rechten Seiten aufeinandertreffen. Drei Seiten sollten entweder mit Stecknadeln oder Faden geheftet und entlang der Saumzugabe mit der Maschine genäht werden. Dann stülpt man die Arbeit um. Die vierte Seite wird sauber von Hand vernäht. Die Decke kann so benutzt werden, doch kann man ihr zusätzliche Festigkeit verleihen, indem man einige unsichtbare Knoten anbringt.

Die Wahl der Füllung

Wie bereits erwähnt, war Baumwolle früher das am häufigsten gebrauchte Einlagen-Material. Für feine Arbeiten aus Seide, die keine starke Einlage brauchten oder die für dichtes Steppen ungeeignet waren, benutzte man Flanell. Von den englischen Hausfrauen können wir lernen, dass eine Einlage aus Wolltuch in punkto Wärme unübertroffen ist.
Eine Einlage aus Wollstoff ist zum Beispiel für einen Schossquilt ideal, weil er ausreichend wärmt und sich dem Körper anschmiegt. – Für ein Patchwork, das als Wanddekoration dienen soll, reicht sicher eine doppelte Lage Baumwollflanell, um der Arbeit genügend Festigkeit zu geben und gleichzeitig die Stepperei hervorzuheben. – Eine ausrangierte Wolldecke eignet sich ebenfalls als Füllung, wenn sie nicht zu steif ist und dadurch das Steppen von Hand unnötig erschwert oder gar unmöglich macht. Hat man die Möglichkeit, eine Dacron-Füllung zu kaufen, ist diese Lösung sicher in vielen Fällen die beste. Das Material ist fest, hält beim Waschen seine Form und nimmt häufigen Gebrauch nicht übel. Die beste Eigenschaft ist allerdings, dass sie grösste Entwurfsfreiheit für das Steppmuster erlaubt. Ob man mehr auf traditionelle Art kunstvoll und dicht steppen will oder ob man ein Muster wählt, das grössere Zwischenräume zwischen den Stepplinien offen lässt: Eine Dacron-Einlage wird immer gute Dienste tun.

Das Übertragen des Steppmusters auf das Patchwork

Ehe wir die verschiedenen Lagen unserer Arbeit zusammenlegen, empfiehlt es sich, das geplante Steppmuster auf das Patchwork zu übertragen. Das Material lässt sich dann glatter ausstreichen, und das Aufzeichnen des Musters wird nicht durch die bauschige Unterlage der Füllung erschwert. Wir arbeiten – wie bereits beim Markieren und Ausschneiden der Einzelteile – mit einem harten Bleistift sowie einem Kreidestift, der sich auf dunklen Stoffen gut abzeichnet. Für das Aufzeichnen von *Umriss-Stepperei* lohnt sich unbedingt der Kauf eines transparenten Lineals mit Millimeterraster. Man kann hiermit leicht den richtigen Abstand der Stepplinie von der Naht abmessen. Die Stepplinie wird dann entlang des Lineals auf die Patchworkoberfläche aufgezeichnet. Nachdem Sie wahrscheinlich das Steppmuster Quadrat um Quadrat einzeichnen, sollten Sie darauf achten, die Linien auch über die Nahtstellen hinweg ganz gerade zu verbinden, so dass die Arbeit genau wirkt.

Um die diversen *Gesamtmuster* zu übertragen, kann man sich vieler zeitsparender Hilfsmittel bedienen. Einfache Muster mit geraden Linien werden entsprechend der Kreuzungspunkte eingezeichnet. Ein langes Lineal hilft, mehrere Quadrate auf einmal zu erfassen. – Das Muster mit den sich überschneidenden Kreisen in meinem „Puzzle"-Quilt (Abbildung 152) entstand zum Beispiel durch Benutzung eines Tellers und einer Schüssel. Beide Hilfsmittel standen im richtigen Grössenverhältnis zueinander, und der grössere Kreis überschnitt sich mit dem nächsten an der richtigen Stelle, um ein harmonisches Bild zu ergeben. Fehlt das Objekt in der gewünschten Grösse, empfiehlt sich, eine Schablone aus Pappe herzustellen.
Schablonen sind auch die beste Lösung für fortlaufende Muster, wie zum Beispiel auf einer Borte. Man schneidet eine Schablone aus dünner Pappe in der richtigen Grösse aus und zeichnet sie auf einem Stück Papier einmal auf. Jetzt wird die Schablone um den richtigen Abstand verschoben. An den Kreuzungspunkten schneidet man kleine Markierungen aus (Abbildung 135). Dieses Hilfsmittel garantiert eine genaue Arbeit, und man erspart sich zeitraubendes Abmessen, wenn man vor Beginn des Aufzeichnens die Länge der Borte gemessen und die Grösse der Schablone genau errechnet hat.

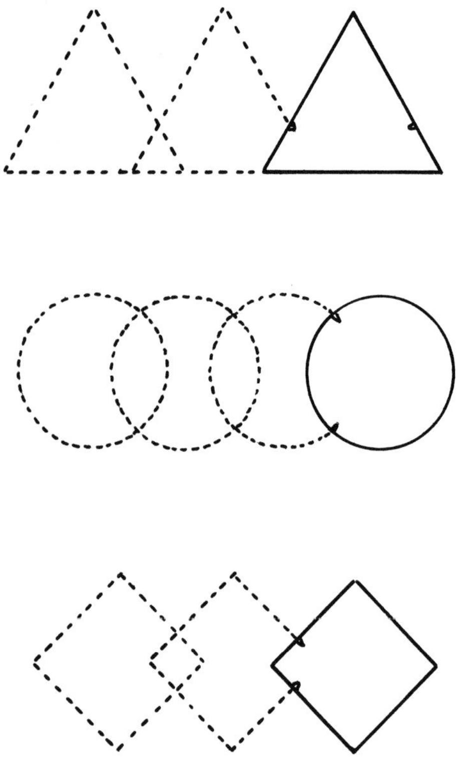

Abb. 135

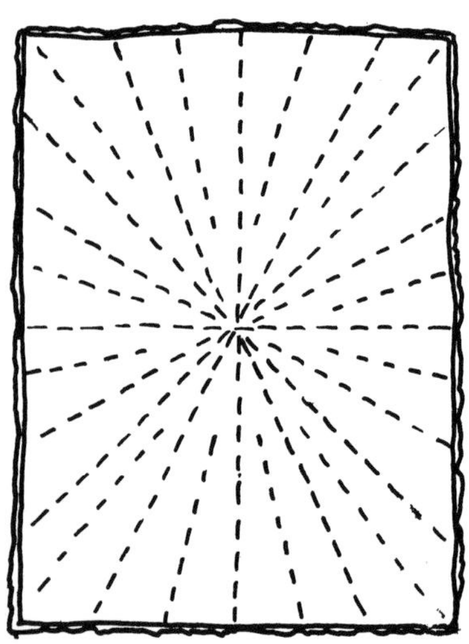

Abb. 136

Wenn Sie selbst ein Quiltmuster entwerfen, ist das Übertragen mit einer perforierten Schablone die beste Lösung. Sie zeichnen Ihren Entwurf auf Pauspapier. Mit einer groben Nadel oder einem dünnen Nagel durchstechen Sie alle Linien des Musters, die übertragen werden müssen. Die Löcher müssen auf der Rückseite durchlässig sein, sonst müssen Sie eine gröbere Nadel wählen! – Man kann ein aufgezeichnetes Muster auch perforieren, indem man es entlang der Linie auf der Maschine ganz langsam mit einer dicken Nadel ohne Faden durchlaufen lässt. Eine mühsame Arbeit, wie man es auch immer macht, aber sie lohnt sich und gewährleistet ein akkurates Übertragen der sich wiederholenden Muster. – Jetzt wird die Schablone auf das Patchwork aufgelegt und mit einigen Stecknadeln befestigt. Dann reibt man mit einem weichen Stück Stoff ein wenig Zimt (für helle Stoffe) oder etwas Maismehl (für dunkle Stoffe) über die Schablone. Überschüsse werden vorsichtig abgeblasen oder durch leichtes Klopfen entfernt; die Schablone wird abgenommen. Die nun sichtbaren Markierungen werden mit feinen Bleistiftstrichen (oder Kreidestift) nachgezogen. Diese Art der Steppmuster-Übertragung eignet sich auch für die klassischen Muster. Einige habe ich aufgezeichnet, um Sie mit der reichen, traditionellen Stepperei vertraut zu machen (Abbildungen 139-143).

Abb. 137 (Phyllis Haders, New York)

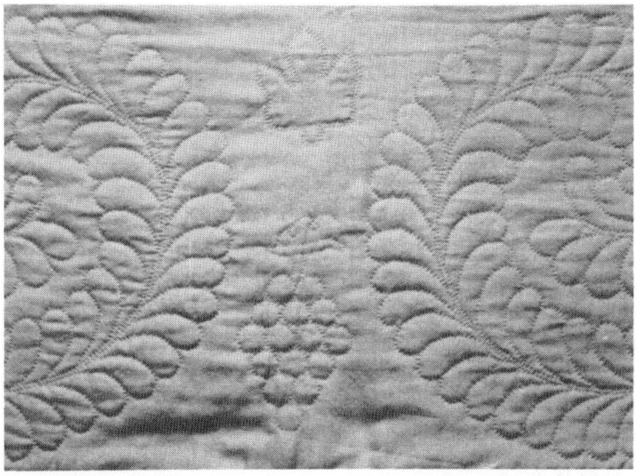

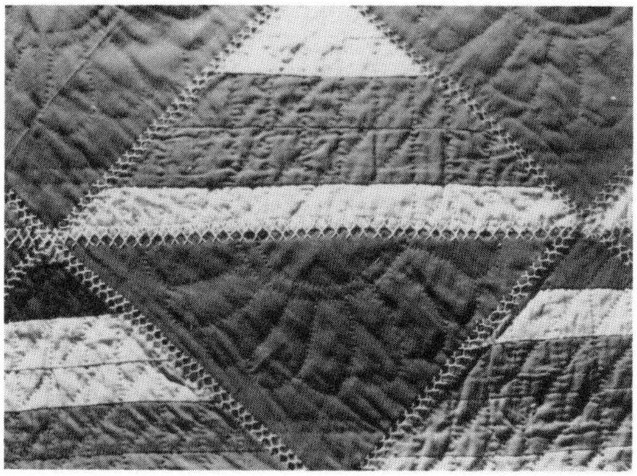

Abb. 138 Details von Stepparbeiten

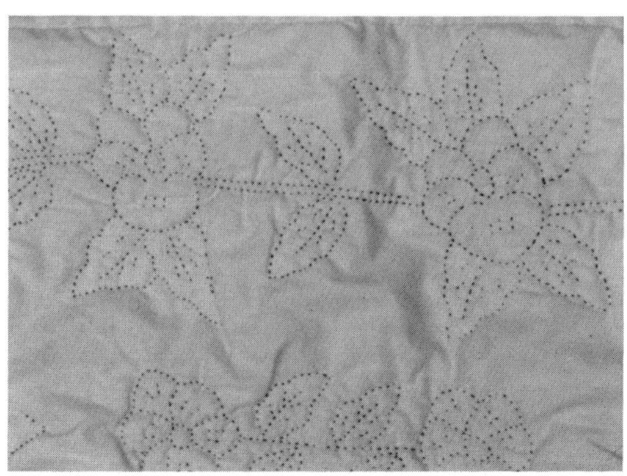

Abb. 139 Steppmustervorschläge für neutrale Einsätze

Abb. 140 Steppmustervorschläge für Borten

Abb. 141 Überlieferte Steppmustervorschläge.

Abb. 142 Überlieferte Steppmustervorschläge.

Abb. 143 Steppmustervorschläge

Das Heften des Quilts

Wenn Ihr Projekt die Grösse Ihres Tisches überschritten hat, bleibt wohl keine andere Lösung, als das Heften Ihrer Arbeit auf dem Fussboden vorzunehmen. Die Rückseite (der Stoff sollte gewaschen sein, damit er nicht später noch eingeht) und die Patchworkarbeit werden nochmals gebügelt. Die Rückseite wird mit der linken Seite nach oben auf dem Fussboden ausgebreitet, die Füllung darauf gelegt. Grosse Decken lassen sich schlecht allein handhaben. Es ist deshalb vorteilhaft, wenn Ihnen dabei jemand hilft. Beide Lagen müssen vollkommen glatt gezogen sein, bevor das Patchwork – mit der rechten Seite nach oben – darüber ausgebreitet wird. Alle Falten werden sorgfältig ausgestrichen. Man beginnt mit dem Heften, und zwar von der Mitte aus. Nehmen Sie einen langen Faden, knoten Sie ein Ende, und ziehen Sie den Faden durch alle Lagen von der Mitte gerade nach allen vier Seiten. Danach füllt man die Fläche sternartig mit einem Abstand von etwa 20 cm nach allen Seiten mit weiteren Heftreihen, immer von der Mitte ausgehend (Abbildung 136). Die Überschüsse von Füllung und Rückseite werden nun zurückgeschnitten. Ich empfehle allerdings, beide Teile zur Sicherheit etwas grösser als das Patchwork zu lassen. Ist dieser Vorgang abgeschlossen, kann mit der nächsten Stufe – dem eigentlichen Steppen – begonnen werden.

Das Steppen von Hand

Für die Befestigung Ihrer Patchworkarbeit während des Steppens können Sie entweder den Quiltrahmen, das Arbeiten auf dem Schoss oder einen grossen Stickrahmen wählen. Welche Methode eignet sich am besten? Das hängt von den jeweiligen Begleitumständen ab. Der Quiltrahmen ist das traditionelle Handwerkszeug. Er fixiert die drei Lagen so, dass sie nicht verrutschen, hat allerdings den Nachteil, dass er sehr viel Platz braucht, und zwar während der gesamten Zeit des Steppens, da er nicht zusammengeklappt und weggestellt werden kann, solange die Arbeit eingespannt ist. Die beiden langen Stangen des Rahmens werden mit festem Stoff überzogen, der mit Reisszwecken oder grossköpfigen Nägeln befestigt wird. Dann legt man die Decke – mit der Oberseite nach unten – auf dem Fussboden aus, plaziert eine Stange am oberen beziehungsweise unteren Quiltrand und heftet den Quilt mit sorgfältigen Stichen an. Fester Faden ist zu empfehlen. Man hebt die Stange mit der oberen Kante des Quilts auf das Gestell und rollt den Quilt auf die untere Stange auf, bis er mit der Länge der Seitenstangen übereinstimmt (Abbildung 144).

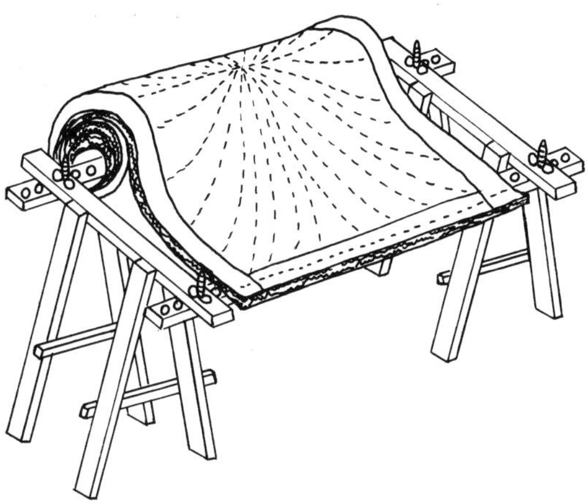

Abb. 144

Mit dem Steppen beginnt man an der gegenüberliegenden Kante, von der Mitte zum Rand hin. Wenn das Steppmuster innerhalb der Armreichweite fertig ist, löst man beide Stangen und rollt den Quilt nun in entgegengesetzter Richtung ab, damit der nächste Abschnitt des Patchworks zum Steppen frei wird. Das Steppen gelingt am besten, wenn der Quilt weder zu straff noch zu locker eingespannt ist. Beim Steppen auf dem Schoss sind Sie frei, indem Sie Ihre Arbeit mit sich führen und sie nun jederzeit zusammenfalten und weglegen können. Nachdem der Quilt nicht gespannt wird, empfehle ich Ihnen, die Arbeit von beiden Seiten her aufzurollen und mit Steppen von der Mitte aus anzufangen. Sollten sich die Lagen doch etwas verschieben, so kann das Material nach und nach zum Aussenrand hin glatt gestrichen werden. Beginnen Sie niemals an verschiedenen Stellen des Quilts zu steppen, sondern arbeiten Sie das Muster von innen nach aussen! – Ich habe ausserdem die Erfahrung gemacht, dass es hilft, wenn ich an der Stelle, an der ich gerade steppen möchte, die Heftfäden löse und einige Figuren des Steppmusters mit Stecknadeln abstecke. Ich fixiere damit das Muster in meinem unmittelbaren Arbeitsfeld und vermeide, dass das Patchwork von der Richtung abweicht. –

Im übrigen mutet die fertige Stepparbeit etwas lockerer und bauschiger an, weil sie während des Steppens unter geringer Spannung stand.
Das Steppen mit einem grossen Stickrahmen (etwa 40 bis 50 cm Durchmesser) wird wahrscheinlich vielen Lesern als ideal erscheinen. Besonders praktisch ist es, wenn Sie entweder einen Ständer für den Rahmen haben oder eine andere Möglichkeit finden, den Rahmen fest einzuklemmen, damit beide Hände zum Steppen frei bleiben.
Beim Einlegen der Arbeit ist wichtig, die Richtung der geometrischen Formen zu beachten, damit im Patchwork keine Verzerrungen entstehen, die dann durch das Steppen noch betont würden. Das gleiche gilt für Falten – achten Sie auch auf die Rückseite! Die Ecken und Ränder einer Patchworkarbeit können erfolgreich in einen Stickrahmen gespannt werden, wenn Sie zu folgenden Hilfsmitteln greifen: An die Ränder der Decke werden Stoffkanten (etwa 25 cm breit) mit kleinen Heftstichen angesetzt, die die Arbeit nach allen Seiten vergrössern. Ein festes Einspannen der Decke ist dadurch wieder möglich. Diese Art der Vergrösserung eignet sich auch für kleine Objekte, die von vornherein nicht in den Stickrahmen passen würden.
Mit einer feinen, nicht zu kurzen Nadel (Grösse acht) und Quiltfaden beginnen wir mit Steppen (sollte Quiltfaden nicht erhältlich sein, eignet sich auch mittelstarker Polyfaden mit Baumwolle überzogen). Schneiden Sie nicht zu lange Fäden (maximal 35 bis 40 cm), weil sie vom häufigen Durchziehen durch den Stoff fransen, geschwächt werden und schnell reissen. Beginnen Sie in einem Abstand von etwa 25 cm mit steppen (man führt die Steppstiche aus, indem man auf sich zu arbeitet). Stechen Sie an einem Punkt des aufgezeichneten Steppmusters – vorzugsweise in einer Naht – von hinten her durch alle drei Lagen und ziehen Sie vorsichtig am Faden, bis der Knoten im Inneren der Arbeit hängen bleibt und sich verankert.
Fassen Sie nun die Nadel fest mit Daumen und Mittelfinger an, und führen Sie sie nach hinten und im leichten Winkel gleich wieder nach oben, ohne abzusetzen. Ziehen Sie die Nadel nach vorn durch und wiederholen Sie diese Bewegung in gleichmässigen Stichabständen immer wieder. Die linke Hand bleibt ständig unterhalb der Arbeit, und der Mittelfinger – oder, wenn man es vorzieht, auch der Zeigefinger – führt die Nadel von hinten her in die richtige Richtung. Früher wurde allergrösster Wert darauf gelegt, dass die Steppstiche ganz fein waren – etwa fünf Stiche pro cm!; aber das ist auch mir trotz Übung noch nicht gelungen. Wichtig ist, dass man sich bemüht, einen Rhythmus für einen gleichförmigen Steppstich zu finden, der zu einem ordentlichen Gesamtbild führt, auch wenn die Stichlänge etwas grösser ausfällt (die Fäden grosser Stiche werden allerdings stärker abgenutzt und neigen dazu, beim Waschen leicht zu zerreissen). Man sollte nicht

vergessen, dass die Stärke der Stoffe im Patchwork und die Art der Füllung die Feinheit der Steppstiche mit beeinflussen. Nicht zuletzt spielt auch die Erfahrung eine grosse Rolle. Je mehr Sie üben, desto feiner werden Ihre Steppstiche. Fühlen Sie sich im Steppen sicher genug, können Sie versuchen, mehrere Stiche im gleichen Zug auszuführen, indem Sie die Hoch- und Runter-Bewegung mehrmals hintereinander ausführen, ehe die Nadel nach oben durchgezogen wird.
Ein Fingerhut wird beim Steppen empfohlen. Er erleichtert die Arbeit sehr und schützt gleichzeitig die Fingerspitze.
Will man ein bestimmtes Muster beenden oder ist der Faden zu Ende, macht man nahe an der Patchworkfläche zwei oder drei kleine Knoten in den Faden, führt einen winzigen Rückstich aus und zieht Nadel und Faden für einige Zentimeter durch die Füllung. Die Knötchen verankern sich in der Füllung, die Nadel wird nach oben durchgezogen und der Faden nahe am Stoff abgeschnitten (Abbildung 145).

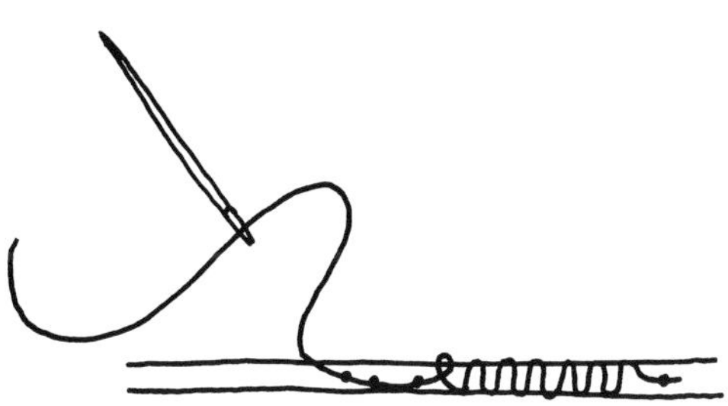

Abb. 145

Das Steppen mit der Maschine

Es gibt sicher gute Gründe, die begonnene Arbeit nicht von Hand, sondern mit Maschine abzusteppen. Folgende Hinweise mögen die Wahl erleichtern:
Maschinensteppen ist auf jeden Fall fester, kompakter und eignet sich deshalb gut für Decken, die strapaziert werden. (Ich habe zwei Kinderdecken mit der Maschine abgesteppt, und die Nähte halten nach vier Jahren täglichen Gebrauchs auch heute noch!)
Hinsichtlich der visuellen Wirkung besteht ein erheblicher Unterschied: Das maschinengesteppte Muster zeichnet sich stark ab, weil die Maschine auf beiden Seiten des Stoffes eine klar ausgeprägte Reihe von Stichen bildet. Das Handsteppen dagegen mutet weicher an, nachdem die unterbrochene Stepplinie die Stiche leicht verschwimmen lässt.
Wenn Sie eine normale Haushalt-Nähmaschine besitzen, dann ist die Grösse des Objekts von Wichtigkeit. Kleine Decken, bis zur Grösse einer Schoss- oder Kinderdecke, eignen sich für das Maschinennähen. Bei einer Bettdecke wird es bereits schwierig, das Steppmuster bei dem umfangreichen Stoffvolumen sicher im Griff zu behalten und eine saubere Arbeit zu schaffen. Eine noch grössere Decke würde ich auf jeden Fall von Hand steppen, es sei denn, mir stünde eine robuste, leistungsstarke Maschine zur Verfügung, wie sie zum Beispiel in Konfektionsbetrieben verwendet wird.

Für das Steppen benötigen Sie eine dicke Nadel und starken Nähfaden, der oben und unten mit dem Stoff farblich harmoniert. Beginnen Sie die Arbeit in der Mitte – systematisch nach aussen hin zu nähen –, und versuchen Sie, eine konstante, niedrige Geschwindigkeit einzuhalten, die eine gleichförmige Stepparbeit ergibt (es scheint allerdings unvermeidlich, dass hin und wieder einige Stiche aus der Reihe tanzen, nachdem die Maschine auf die zusätzlichen Stofflagen in den Nähten empfindlich reagiert). – Kurven und Winkel im Steppmuster können fortlaufend mit eingearbeitet werden, indem man – die Nadel unten – den Nähmaschinenfuss hochhebt und die Arbeit von Hand ausrichtet. Versuchen Sie, das Patchwork stets gleichmässig durch die Maschine zu schieben, und schauen Sie auch hin und wieder auf die Rückseite der Arbeit, damit sich beim Nähen keine Falten einschleichen (das passiert besonders leicht vor Heftfäden, wo sich überflüssige Stoffmengen zusammenschieben). – Die Fäden, die am Anfang und Ende einer Stepplinie hängen bleiben, werden später von Hand vernäht. Man macht zwei oder drei kleine Knoten in den Faden – nahe der Stoffoberfläche –, zieht den Faden durch die Füllung nach oben und schneidet ihn ab. Fäden, die aussen am Rand aufhören, werden später, wenn die Kanten versäubert werden, erfasst.

Das Versäubern der Kanten

Das ist der letzte Arbeitsgang in der Herstellung eines Quilts. Wiederum gibt es verschiedene Lösungen. Die Wahl hängt von unserem persönlichen Geschmack ab.
Früher wurden die Kanten der Quilts häufig mit einem separaten Stoffstreifen versäubert. Sicherlich waren praktische Erwägungen hierfür ausschlaggebend. An einer alten, viel gebrauchten Bettdecke konnte ich feststellen, dass zuerst die Einfassung dünne Stellen zeigte. Es ist daher recht praktisch, dass man sie einfach abtrennen und durch einen neuen Stoffstreifen ersetzen kann, ohne den eigentlichen Quilt zu beschädigen. Im Gegenteil: Man schont ihn durch diese Umrandung.
Der Streifen kann entweder aus einem der Stoffe, die im Patchwork vorkommen, geschnitten werden, oder in einer Kontrastfarbe. Die Einfassung kann, direkt ans Patchwork angesetzt, als alleinstehender, schmaler Rahmen dienen, oder sie kann mit anderen Borten kombiniert werden.
Man schneidet Streifen zu oder kauft fertiges Band, etwa 4 cm breit.

Wenn erforderlich, stückt man mit der Maschine an und bügelt den Stoff glatt, an den Nähten geöffnet. Der Streifen wird mit der rechten Seite auf die Quiltoberfläche aufgelegt – die Ränder schliessen miteinander ab – und alle Lagen werden zusammengeheftet. Mit der Maschine näht man den Streifen auf, entfernt den Heftfaden und bügelt die Einfassung nach aussen (Abbildung 146). Auf der Rückseite des Quilts wird nun ein schmaler Rand der Einfassung zum Versäubern eingeschlagen und der Streifen mit feinen, unsichtbaren Stichen so befestigt (Abbildung 147), dass die Maschinennaht dabei abgedeckt wird. Bei Quiltkanten mit Rundungen empfiehlt sich, den Streifen diagonal aus dem Stoff auszuschneiden, damit sich die Einfassung beim Umnähen ohne Verziehen gut umlegt.

Die einfachste Form der Versäuberung ergibt sich, wenn entweder die Vorder- oder die Rückseite der Arbeit einen Stoffüberschuss aufweist. Reicht der Stoff der Oberfläche aus, um nach hinten umgeschlagen zu werden, schneidet man Füllung und Futterstoff in der notwendigen Breite ab und faltet den Stoff für die Einfassung nach hinten. Die Schnittkante des Stoffes wird schmal eingeschlagen, die Einfassung mit einigen Stichen auf der Rückseite der Decke befestigt. Geht das Steppmuster nicht bis zum Rand der Borte, sollte die Füllung so oft wie möglich mit erfasst werden, damit sie sich nicht verschiebt (Abbildung 148).

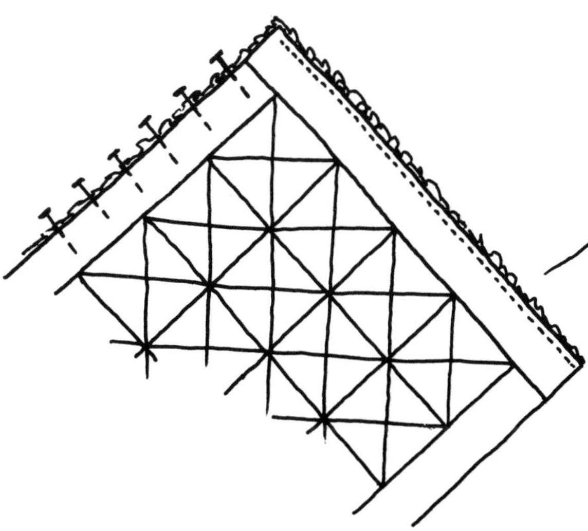

Abb. 146

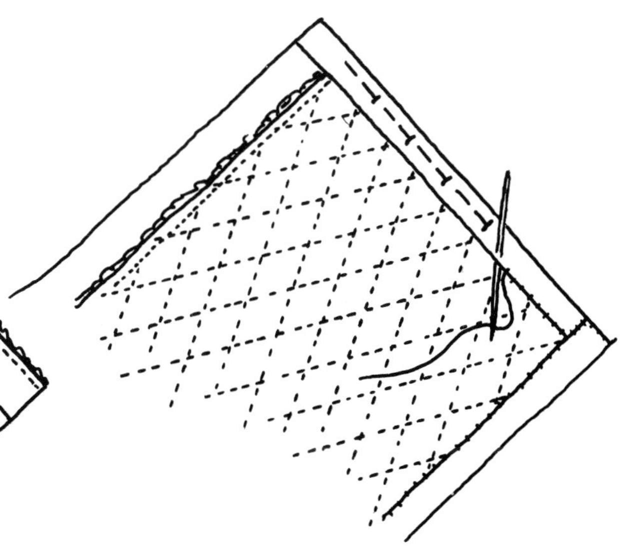

Abb. 147

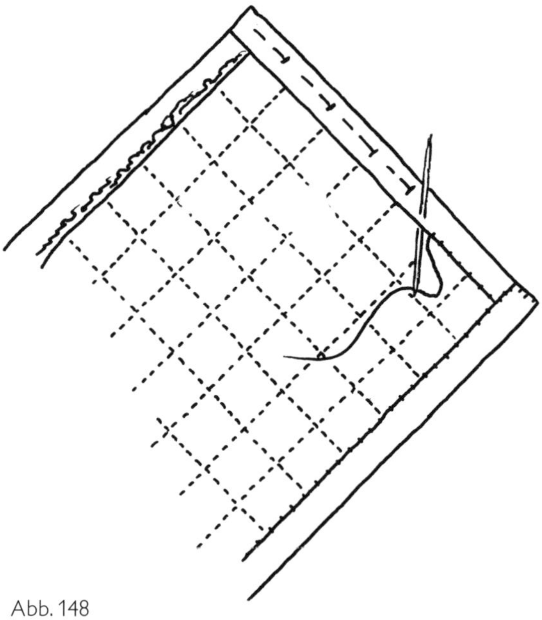

Abb. 148

Bei meinem „Blockhaus"-Quilt (Abbildung 217) wollte ich den Entwurf mit dem breiten Rahmen allein wirken lassen, ohne zusätzliche Steppmuster oder Einfassungen berücksichtigen zu müssen. Die Borte sollte etwa 12 cm breit werden, die Füllung war ringsum in dieser Breite nicht befestigt. Ich habe deshalb die Kante auf folgende Weise versäubert:

Die Füllung wurde auf die gewünschte Bortenbreite zurückgeschnitten, und der Futterstoff wurde darüber – und nach innen – gefaltet und geheftet. Von Hand führte ich zwei Reihen Steppstiche aus, die erste 1 cm und die zweite 3 cm von der Kante entfernt, die die Füllung fest mit der Rückseite verbanden. Nun konnte der Rahmen der Oberfläche nach innen geschlagen und am Rand mit feinen Stichen mit der Rückseite der Decke verbunden werden (Abbildung 149).

Der Quilt „Vogelperspektive von Manhattan" (Abbildung 172) veranschaulicht, wie durch Einrollen der Füllung in die Borte eine intensivere Wirkung erreicht wurde. Ehe die Vorderseite zur Versäuberung der Kante nach hinten umgeschlagen wurde, nähte ich im Abstand von 10 cm parallel zur Naht (A) (durch die Borte und Patchwork zusammengenäht wurden) eine Steppreihe (B) durch alle drei Lagen (Abbildung 150). Der Futterstoff wurde auf $1^1/_2$ cm ausserhalb der Stepplinie zurückgeschnitten, von der Füllung blieben 3 cm stehen. Der Stoff der Oberfläche wurde dann nach hinten über die eng zusammengerollte Füllung

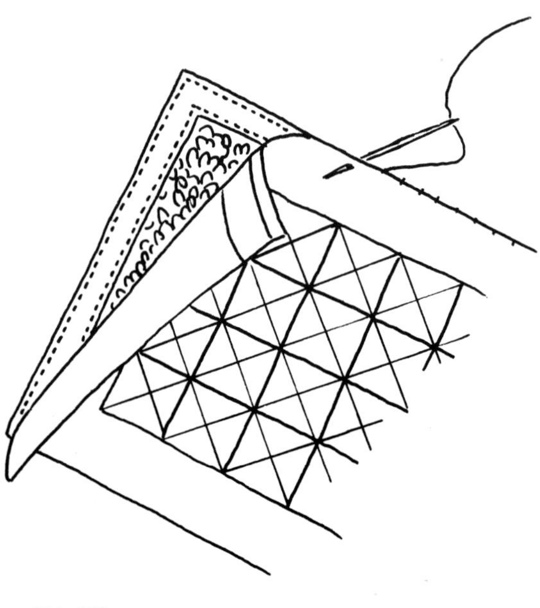

Abb. 149

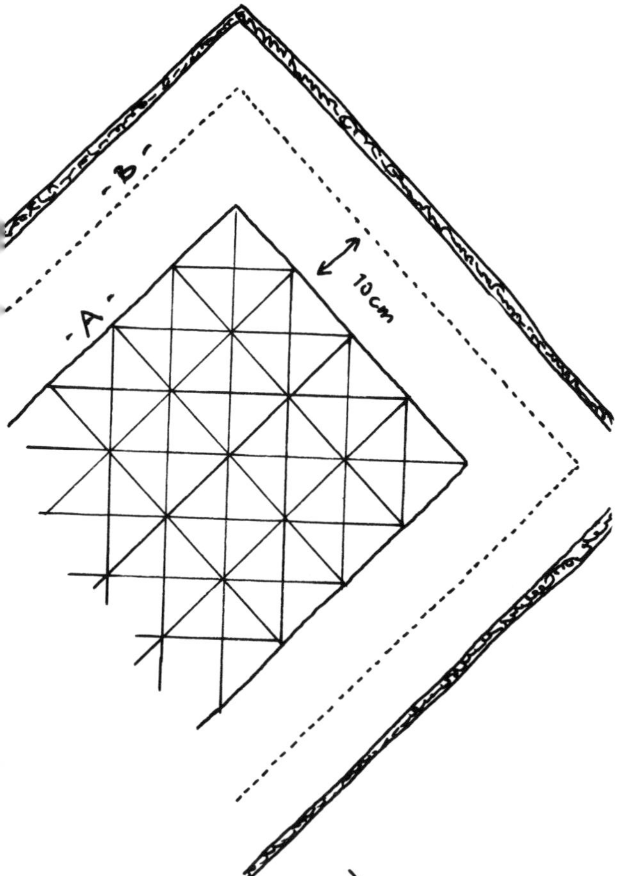

Abb. 150

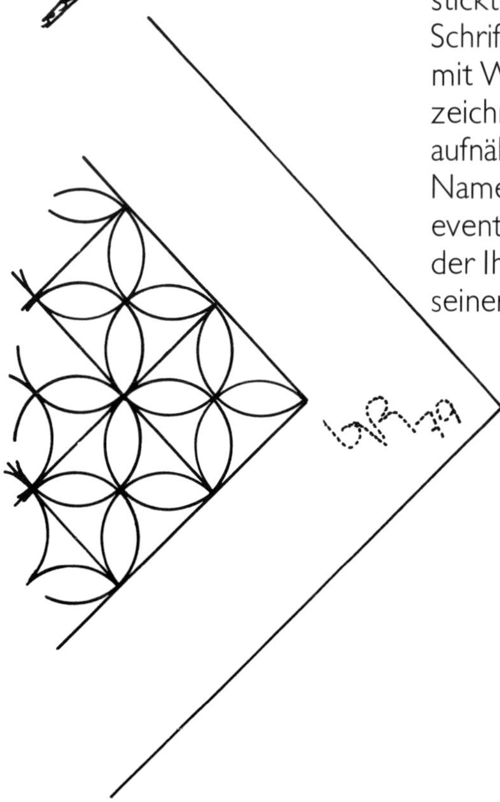

Abb. 151

gezogen, die Schnittkante schmal eingeschlagen und mit kleinen Stichen, entlang der ersten Stepplinie, an der Rückseite angenäht. Es entstand ein Wulst, die dem Quilt Tiefe und somit einen interessanten, plastischen Effekt verlieh.

Wenn man bedenkt, dass wir bei den alten Quilts meist vergeblich danach forschen, wann und von wem sie gefertigt wurden, dann sollten wir vielleicht nicht ganz so bescheiden sein, sondern unsere Arbeiten mit Initialen und Datum versehen. Dies ist ein kleines, aber sicher wichtiges Detail, das künftigen Besitzern Ihrer Arbeit etwas von Ihnen und Ihrer Zeit erzählt.

Ihrer Phantasie sind hier keine Grenzen gesetzt. Der Name kann in einen Teil des Patchworks gesteppt oder gestickt werden. Man kann in sorgfältiger Schrift ein Monogramm entwerfen, es mit Wäschetinte auf ein Stück Stoff aufzeichnen und dann auf der Rückseite aufnähen. Das Signum sollte zumindest Namen und Jahreszahl enthalten, eventuell noch den Titel Ihres Quilts, der Ihr eigenes Werk darstellt und in seiner Art einmalig ist.

FREIE ENTWÜRFE

Sobald Sie sich in der rein handwerklichen Patchworktechnik sicher fühlen, kommt unweigerlich der Zeitpunkt, wo Sie Ihren Entwürfen eine mehr persönliche Note geben möchten. Natürlich lässt sich keine allgemeingültige Aussage machen, wie ein eigener Entwurf zustandekommt. Eingebung, ureigenes Empfinden und ein plötzlicher Anflug von Mut, die Stütze der erprobten Patchworkmuster fallen zu lassen, müssen zusammenspielen, damit ein freier Entwurf gelingt! Der Schritt vom Auflösen der traditionellen Quadrate bis zum Versuch, visuelle Eindrücke in Patchwork umzusetzen, ist eine kontinuierliche Weiterentwicklung. Ich möchte Ihnen anhand einiger Beispiele zeigen, wie sich bei mir die Entwürfe im Laufe der Zeit veränderten. Sobald Sie sich vermehrt für Quilts interessieren, werden Ihnen viele Möglichkeiten gewahr.
Im Quilt „Puzzle" (Abbildung 152) sind, wie in vielen traditionellen Entwürfen, nur Drei- und Vierecke verwendet worden. Und doch ist die Wirkung gänzlich anders, weit entfernt von einer Wiederholung, geradezu einladend, neue Kombinationen geometrischer Figuren zu probieren. Man kann das Format variieren, man kann in der persönlichen Farbwahl eine besondere Aussage machen. Und durch die Variation der Anzahl von Teilen ist es möglich, Muster zu kreieren, die entweder intensiv (viele Teile) oder ausgleichend (wenige Teile) wirken.

Um vor dem endgültigen Design andere Entwurfsmöglichkeiten zu erproben, sollte man bei einer solchen Arbeit sehr frei experimentieren. Man schneidet aus verschiedenen farbigen Papieren (festes Papier nehmen) – jeweils eine Farbe für jede geplante Stoffsorte – eine ausreichende Anzahl von Drei- und Vierecken aus und legt sie aus. Trifft man gleich auf eine Kombination, die einem gut gefällt, sollte man sie mit einer einfachen Skizze festhalten und aufheben. Danach sollte man die Einzelteile weiterhin verschieben, neue Kombinationen erschliessen, bis man ganz sicher ist, die bestmögliche Variante gefunden zu haben. Diese hält man dann mit einer exakten Zeichnung fest und benutzt sie als Vorlage für das Patchwork.

Abb. 152 Puzzle. 305 x 255 cm. 1976.
(Gearbeitet von und im Besitz der Autorin)

Die Arbeit mit traditionellen Quadraten kann zu einem Entwurf führen, der einen klassischen Ausdruck wiedergibt, ist aber auch dazu geeignet, dank einer modernen Farbwahl, Änderung oder anderer Anordnung der Quadrate heutiges Stilempfinden auszudrücken.
Vergleichen Sie in diesem Zusammenhang die beiden Skizzen (156 und 157). In Abbildung 156 wurde das Quadrat „Chinesisches Puzzle" in traditioneller Form aneinander gereiht. In der Abbildung 157 – wiederum „Chinesisches Puzzle" – wurde nicht nur die Hälfte aller erforderlichen Quadrate seitenverkehrt gearbeitet (Abbildungen A und B), sondern auch durch das Einflechten von neutralen Einsätzen ein Entwurf mit wesentlich veränderter Gesamtwirkung geschaffen.

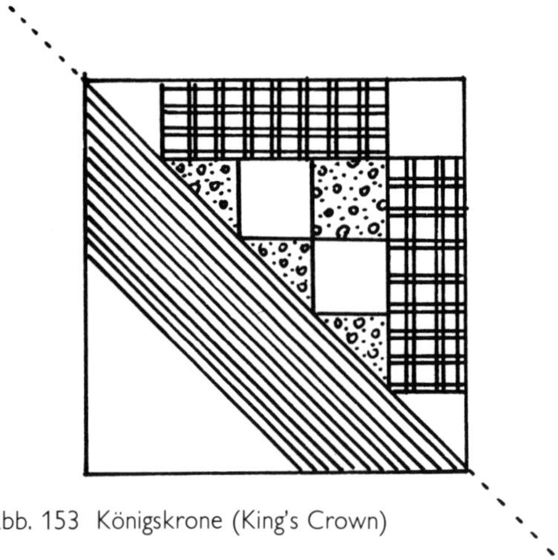

Abb. 153 Königskrone (King's Crown)

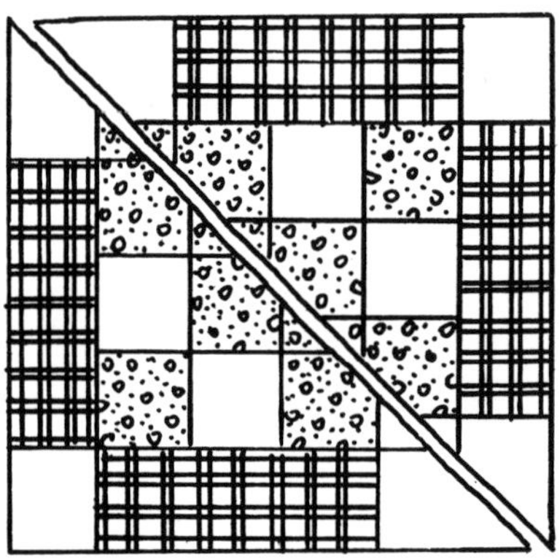

Abb. 154

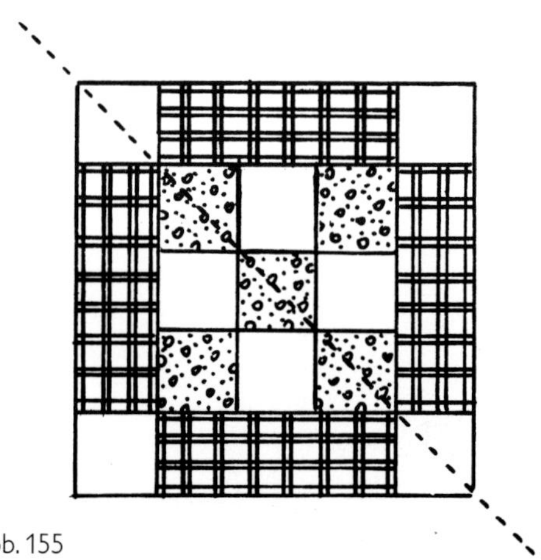

Abb. 155

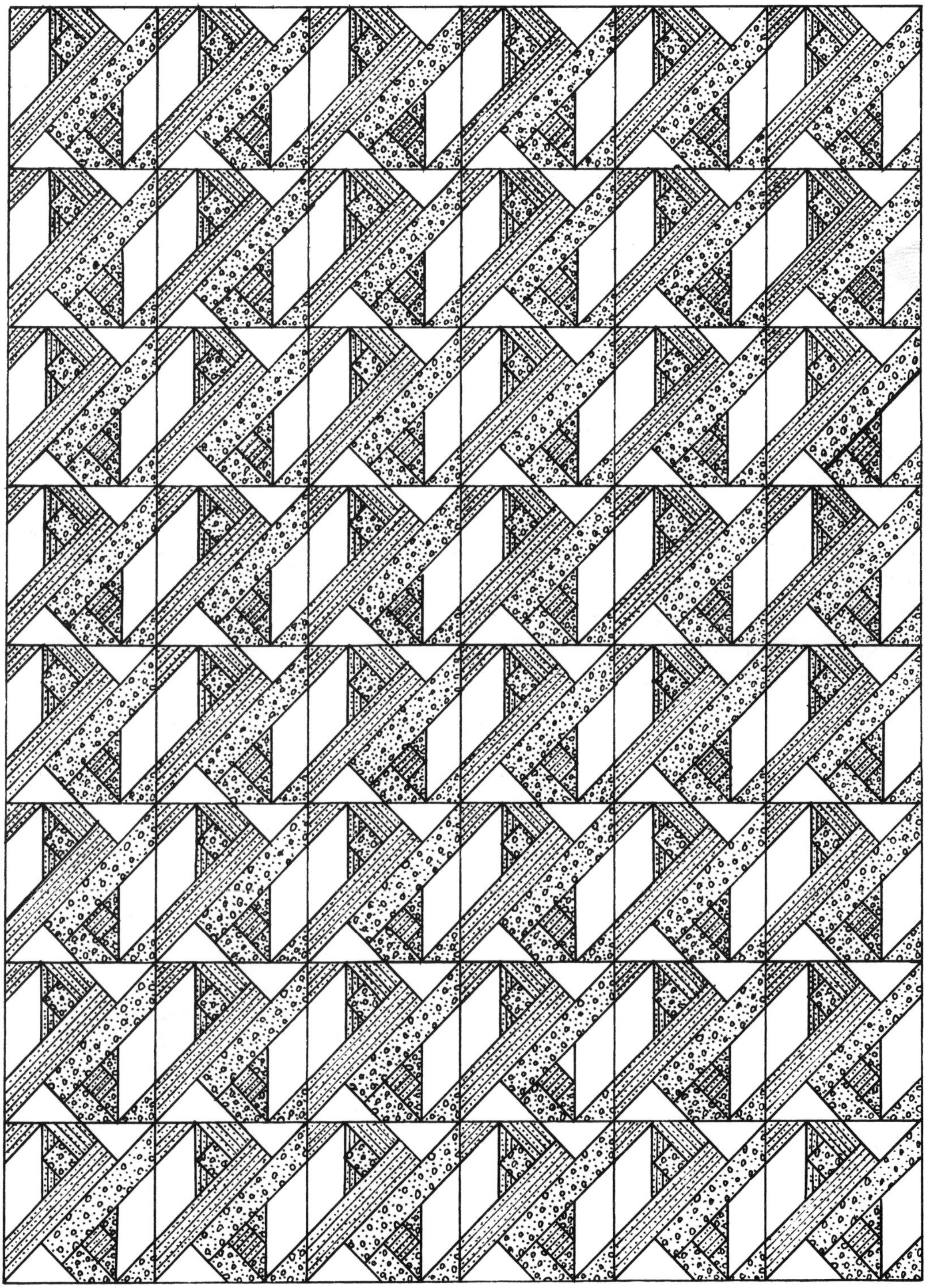

Abb. 156

Abb. 157

Abb. 158

Abb. 159

Abb. 160 Königskrone (King's Crown). Baumwolle. Mit Maschine zusammengenäht, von Hand gesteppt. 160 x 160 cm. 1974. (Gearbeitet von und im Besitz der Autorin)

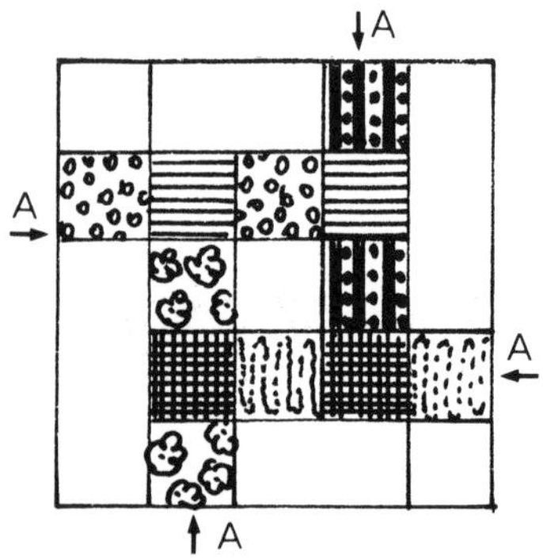

Abb. 161 Fliegende Vierecke (Flying Squares)

Abb. 162

Abb. 163 Kinder-Quilt im Fliegende Vierecke (Flying Squares)-Muster. Baumwolle. Mit Maschine zusammengenäht, von Hand gesteppt. 115 x 115 cm. 1974. (Gearbeitet von und im Besitz der Autorin)

Ähnliche Veränderungen habe ich auch bei den Quilts „Königskrone" (Abbildung 160) und „Fliegende Vierecke" (Abbildung 163) erreicht. Die Abbildungen 158 und 159 zeigen deutlich, wie sich die Wirkung verändert, wenn man sich von der traditionellen Anordnung der Quadrate trennt, und – wie im vorliegenden Fall – einige neutrale Einsätze einfügt. Vergleichen Sie danach die Abbildung 160 mit Abbildung 159, so können Sie sehen, dass der Versuch des Loslösens noch weitergeführt wurde. Wäre ich dem Entwurf der Abbildung 159 gefolgt, hätten sich drei immer grösser werdende, auf die Spitze gestellte Quadrate ergeben. Ich wollte jedoch die dritte gerade Linie durchbrechen und habe aus diesem Grund die zweiten Vierecke von aussen (in der zweiten und fünften Reihe) geändert, indem ich eine Hälfte des Quadrates völlig weggelassen und die andere verdoppelt habe (Abbildungen 153 bis 155).
Beim Kinderquilt „Fliegende Vierecke" hätte das eigentliche Patchwork-Quadrat, normal aneinandergesetzt, ein Gesamtbild laut Abbildung 162 ergeben. Durch Weglassen oder veränderte Plazierung der äusseren kleinen Quadrate (Abbildung 161) habe ich die völlig andersartige Wirkung des fortlaufenden Musters erzielt (Abbildung 163).

Wenn ich an einem Objekt arbeite, das ähnlich aufgebaut wird wie die drei bisher erwähnten Decken, genügt mir eine Skizze von vier Quadraten nicht mehr. Ich zeichne mir alle Quadrate auf, schneide sie aus (die Grösse spielt in dem Fall keine Rolle) und lege sie in immer wieder unterschiedlichen Kombinationen aus, bis ich auf die ideale Lösung treffe. Dann klebe ich die Einzelteile gleich auf ein Stück Karton auf, damit die Entwurfsidee nicht verloren geht.
Beim „Stern"-Quilt (Abbildung 164) habe ich erst die verschieden grossen Sternquadrate (Abbildung 226) genäht und sie auf einem Tisch nach meinen Vorstellungen ausgelegt. Es gibt in einem solchen Fall keine allgemeingültigen Regeln, wie die Anordnung erfolgen soll, denn was mir harmonisch erscheint, mag ein anderer als störend empfinden. Hier gilt einfach, dem kreativen Impuls zu folgen. Hat man die beste Lösung gefunden, werden die Zwischenräume mit Stoffstücken in den richtigen Grössen gefüllt. Beim Zuschneiden dieser Teile die Nahtzugaben nicht vergessen! Danach wird alles sorgfältig zusammengenäht. Man sollte bei diesem Arbeitsgang besonders exakt arbeiten, damit sich keine Massabweichungen einschleichen, die das Format der Patchworkfläche verändern.

Abb. 164 Stern (Star)-Quilt. Baumwolle 110 × 150 cm. 1976.
(Gearbeitet von und im Besitz der Autorin)

Abb. 165

Abb. 166

Auf den ersten flüchtigen Blick kann man vielleicht gar nicht erkennen, dass die Abbildungen 165 und 166 auf dem gleichen Quadrat aufgebaut wurden. Ich begann auch hier wieder mit dem Skizzieren der Quadrate und dem Einzeichnen der verschiedenen Hell- und Dunkeleffekte. Mir gefiel der vorliegende Entwurf (Abbildung 165) und ich gab ihm mit wenigen Strichen einen Rahmen. Plötzlich bemerkte ich, dass die diagonale Richtung des Musters noch verstärkt werden konnte, wenn man den Rahmen auflösen und durch einen weniger starren Abschluss ersetzen würde. Ich experimentierte und fand einige Lösungen, von denen mir die in Abbildung 166 am besten gefiel.
An dieser Stelle muss ich auch erwähnen, dass das Experimentieren an keine massstabgerechte Zeichnungen gebunden ist. Viele meiner Entwürfe entstanden zunächst in Form von flüchtigen Strichen, oft irgendwo auf irgendwelchen Papieren aufgezeichnet.
Erst später wurden sie auf das richtige Format gebracht. Ich fertigte – wie üblich – mehrere Farbskizzen an, um dann zu prüfen, ob der Entwurf hielt, was die Idee versprach, oder ob er geändert oder möglicherweise verworfen werden musste.
Experimentieren mit möglichst vielen verschiedenen Stoffen und Farben ist eine andere Möglichkeit, einen persönlichen Entwurf zu entwickeln.

Im Quilt „Firmament“ (Abbildung 87) war mir die anfängliche Wahl von nur zwei Rotschattierungen zu eintönig, und ich versuchte in verschiedenen Zeichnungen, eine dritte Farbe mit ins Spiel zu bringen. Das sah dann so aus, dass ich im Entwurf die gleichen Teile immer wieder mit derselben Farbe ausmalte und das Ergebnis wiederum gleichförmig wirkte. So kam ich auf die Idee, durch die Plazierung vereinzelter heller Teile dem Quilt einen Mittelpunkt zu geben.
Im Gegensatz zu Applikationen ist es beim Patchwork schwierig, Gefühle oder Bilder auszudrücken und gleichzeitig die streng geometrische Gliederung des Quadrates einzuhalten. Beim Wandbehang „Sonnenaufgang“ (Abbildung 91) ist mir das einmal gelungen. Ich wollte versuchen, einen Eindruck in Patchwork umzusetzen und suchte nach einem passenden Quadrat. Mir erschien die Anordnung der Teile im „Stern“-Quadrat (Abbildung 90) ideal, um die sich ausbreitenden Sonnenstralen auszudrücken.
Bei individuellen Entwürfen, die nicht aus der traditionellen, sich wiederholenden Geometrie bestehen, ist es wichtig, alle benötigten Quadrate aufzuzeichnen. – Das war auch für mich beim „Sonnenaufgang“ der nächste Schritt. Danach kamen die vielen Farbentwürfe. Die ersten Skizzen sind dem endgültigen Entwurf kaum ähnlich.

Von Skizze zu Skizze tastete ich die vielfältigen Variationsmöglichkeiten der Hell-/Dunkelkontraste und der Formgebung so lange ab, bis sich die angestrebte Harmonie einstellte. Allerdings waren noch nicht alle der zahlreichen kleinen Dreiecke, aus denen sich der Quilt zusammensetzte, farblich voll ausgewogen. Wieder hiess es probieren, solange mit den verschiedenen Farben spielen, bis die Wirkung optimal erschien. Allerdings werden in diesem fortgeschrittenen Stadium keine neuen Farbskizzen gemacht. Man zeichnet lediglich die Teilfiguren mehrfach auf Papier auf, schneidet sie aus, malt sie in den verschiedenen Farben aus und legt sie auf den Entwurf auf! So kann man schnell und einfach die unterschiedliche Wirkung so lange testen, bis sie das beste Resultat ergibt.

Sich ab und zu von den bisherigen Vorstellungen einer regelmässigen und wohlgeordneten Quiltgeometrie zu lösen, ist sicher eine der wesentlichsten Voraussetzungen zum erfolgreichen Experimentieren. Man wählt einfach irgendein Quadrat, zeichnet es mehrmals auf, löst sich von seinen einzelnen Komponenten und lässt es stattdessen intensiv auf sich wirken. Vielleicht spürt man dann innerhalb des Gesamtbildes geometrische Figuren auf, die sich mit Farbkontrasten hervorheben lassen.

Nachstehend beschreibe ich die Entwicklung des „Mosaik"-Quilts, der in dieser Weise entstanden ist. Das Quadrat in Abbildung 42 hatte mir schon seit jeher gefallen, und ich fing an, neun Quadrate – drei mal drei – aufzuzeichnen. Als ich sechs davon vor mir sah, fielen mir sofort die beiden sich berührenden Vierecke in der Mitte auf (Abbildung 167, dunkel nachgezogene Mitte). Ich zeichnete zwar weiter, konnte aber in den neuen Quadraten keine andere geometrische Figur erkennen, die mir besser gefallen hätte, und mein Blick wanderte immer wieder zurück zu den beiden Vierecken. Ich wählte sie als Ausgangspunkt und begann, auf ihnen aufzubauen. Ich verbreiterte die Zeichnung nach allen Seiten um ein halbes Quadrat und verlängerte die bereits angedeuteten Diagonalen, die dann am Rand zusammentrafen und die übergrossen Vierecke bildeten. Die vier Ecken füllte ich mit Dreiecken aus, um das Bild abzurunden. – Dann kam das Spiel mit den Farben! Nach einigen Ansätzen merkte ich, dass ich einem bestimmten Schema folgte (Abbildung 168). Ich wollte die Gleichmässigkeit durchbrechen und ausserdem versuchen, mit mehreren Farben zu arbeiten, ohne ein sinnloses Durcheinander zu schaffen. Nach weiteren Versuchen stand mein Farbentwurf fest.

Ich verfügte bereits über einige Stoffe; die restlichen besorgte ich in jeweils 25 cm Länge, so dass der Vollendung des „Mosaik" Quilts nichts mehr im Wege stand (Abbildung 15).

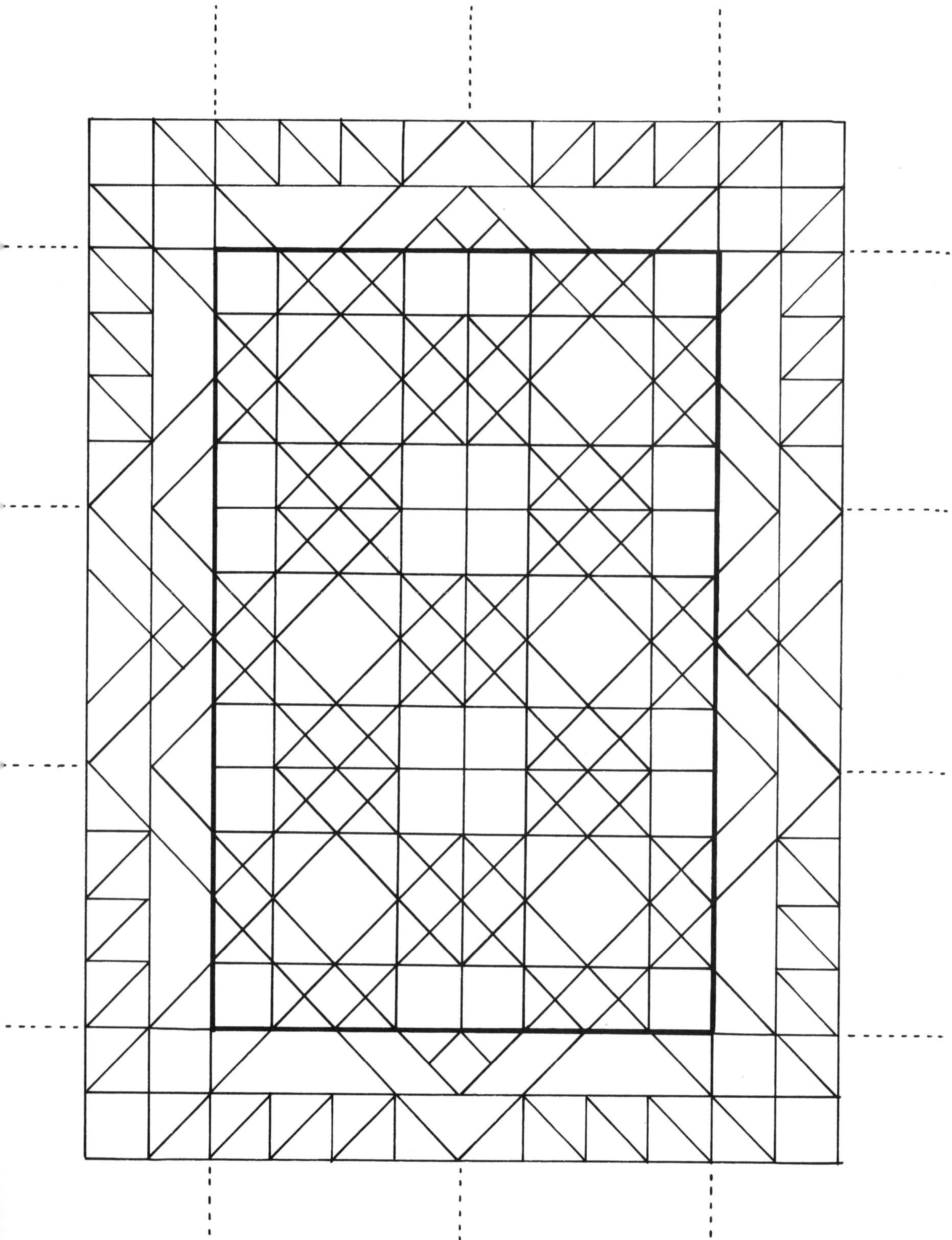

Abb. 167

Abb. 168

Diese Beispiele mögen Sie anregen, eigene Experimente zu versuchen. Nicht immer werden sie zu Erfolgen führen. Sie werden vielleicht schwören, nie wieder eine neue Patchworkarbeit zu beginnen. Ich habe die gleichen Erfahrungen gemacht – nicht nur einmal – und ich hoffe, dass es Ihnen so gehen wird wie mir: Dass Sie trotz mancher vorübergehender Entmutigungen so vom Patchwork gefesselt sind, dass Sie immer wieder zu ihm zurückkehren. Vielleicht werden Sie schon bald eigene Eindrücke in Patchwork wiedergeben!
Dies ist z. B. Künstlern wie Susan Hoffman, Maria McCormick-Snyder und Dorle Stern-Straeter in besonders eindrucksvoller Weise gelungen. In einem sehr ungewöhnlichen, eigenwilligen Stil vermitteln sie uns Impressionen wie z. B. in den Quilts „Eine Erfindung im Sinne J. S. Bachs" (Abbildung 13), „Kokon" (Abbildung 171) und „Lotus" (Abbildung 169). In der „Vogelperspektive von Manhattan" (Abbildung 172) sah ich eine Möglichkeit, einen Anblick, der mich unzählige Male fasziniert hatte, auf meine persönliche Art festzuhalten.

Abb. 169 Lotus. Verschiedenfarbige Baumwollstoffe. Etwa 175 × 175 cm. 1980.
(Dorle Stern-Straeter, Scarsdale N. Y.)

Abb. 170 Herbstblätter (Last Leaves). Verschiedenfarbige Stoffteile mit der Maschine zusammengenäht, von Hand gesteppt. 105 × 160 cm. 1975.
(Susan Hoffman, New York)

Abb. 171 Kokon, Blockhaus Variante III (Chrysalis, Log Cabin Variation III). Gearbeitet aus Seide und Baumwolle. Etwa 203 x 228 cm. 1980.
(© Maria McCormick-Snyder, Annapolis, Md.)

Abb. 172 Vogelperspektive von Manhattan (Birdseye View of Manhattan). Baumwolle. Etwa 145 x 185 cm. 1979.
(Gearbeitet von und im Besitz der Autorin)

Abb. 173 Licht und Schatten (Light and Shadow). Wandbehang, in selbstgefärbten Baumwollstoffen gearbeitet. Mit der Maschine genäht, von Hand gesteppt. 120 x 120 cm. 1979. (Gearbeitet von und im Besitz der Autorin)

Abb. 174 Zum Lächeln geneigt (Inclined To Smile). Verschiedenfarbige Stoffteile mit der Maschine zusammengenäht, von Hand gesteppt. 190 x 245 cm. 1979. (Susan Hoffman, New York)

DAS ARBEITEN MIT APPLIKATIONEN

Applikationen sind Stoffteile, die als Dekoration auf einen Stoffuntergrund aufgenäht werden. Die Technik ist alt. Sie wurde in vielen Ländern schon vor Jahrhunderten angewandt. Je nach allgemeinem kulturellem Stand des Volkes sowie speziellem Verwendungszweck waren die Arbeiten zum Teil sehr einfach, aber in Design und Ausführung hoch entwickelt.
Die ersten amerikanischen Quilts, die mit sorgfältigen Applikationen aus feinen Stoffen geschmückt waren, stammen aus dem frühen 18. Jahrhundert, als in Amerika die meisten Patchworkquilts noch als einfache Flickendecken für den täglichen Gebrauch dienten, zusammengenäht aus Resten und den gut erhaltenen Teilen getragener Kleidung. Sie bestanden aus besonders ansprechenden Drucken in Baumwolle und Chintz, in der damaligen Zeit ausserordentlich rar. Eine Minderheit konnte sich grössere Stücke dieser Kostbarkeiten leisten, um daraus etwa eine ganze Patchworkfläche zu nähen. So benutzte man auch die kleinsten Stoffteile, die sich einem anboten. Man entwarf Muster für Applikationen, die dann mit grösster Sorgfalt auf Baumwollstoffe (die leichter erhältlich waren) aufgenäht wurden. Die applizierten Muster kombinierte man häufig mit neutralen Einsätzen, Trennungsstreifen und breiten Borten und verzierte die Decken mit reicher Stepperei. Im Gegensatz zu den einfachen Patchworkarbeiten wurden diese Quilts kaum benutzt, sondern wie kleine Schätze behandelt (Abbildungen 175 bis 180).
Wenn wir uns heute mit Applikationen beschäftigen, bieten sich viele Möglichkeiten, die sich keineswegs nur auf die schönen überlieferten Muster beschränken, sondern weit darüber hinausreichen. Applikationen lösen sich – mit Ausnahme derjenigen Quadrate, in denen Patchwork mit applizierten Teilen kombiniert wird – von der starren Form des geometrischen Patchworks und eignen sich deshalb für figürliche Darstellungen. Sie umfassen die ganze Skala von realistischen bis zu abstrakten Formen und gewähren somit Freiheit in der persönlichen Gestaltung. Applizierte Arbeiten erfordern kein grosses Talent in der figürlichen Wiedergabe. Auch dem Laien wird ein wirkungsvoller Entwurf gelingen.

Die verschiedensten Szenen können entweder nur in Applikation oder in Kombination mit Patchwork gearbeitet werden. Eine Kinderzeichnung kann für die Zukunft festgehalten und auf einen Wandbehang übertragen werden. Fotografien, Figuren aus Bilder- oder Malbüchern bieten sich an, die man entweder einzeln oder in Gruppen verwenden kann. Wenn man im Zeichnen nicht besonders begabt ist, lässt sich auch mit einer Reihe attraktiver Scherenschnitte ein Quilt kreieren: Man kann für jedes Quadrat ein neues Muster wählen oder beispielsweise auch vier Scherenschnitte ausschneiden, die sich abwechselnd wiederholen. – Will man sich beim ersten Objekt lieber an ein bereits erprobtes Muster halten, besteht eine grosse Auswahl überlieferter Vorlagen, die ähnlich dem Patchwork an die Quadratform gebunden sind (Abbildungen 181 bis 200) oder gezeichnete Figuren, deren Form innerhalb eines Millimeterrasters aufgebaut wird (Abbildungen 201 bis 203). In den Zeichnungen zeige ich einige Muster, die man übertragen kann.

Einzelne Quadrate enthalten Patchwork- und applizierte Teile, andere wirken durch die Anwendung von Kreisausschnitten. Mit Millimeterpapier und Zirkel gelingt es sicher, ein interessantes Muster mit rund verlaufenden Nähten zu zeichnen.

Abb. 175 Applikations-Quilt Whig Rose (Variante).
Etwa 208 × 185 cm. Gearbeitet etwa 1855 von Elizabeth Ann Cline aus Knightstown, Indiana, USA.
(Denver Art Museum, Denver, Colorado)

Abb. 176 Applikations-Quilt Kranz von Indiana (Indiana Wreath). Etwa 229 x 229 cm. Besondere Aufmerksamkeit solle man dem exquisiten Quiltmuster schenken. Gearbeitet 1930 in Colorado von Charlotte Jane Whitehill. (Denver Art Museum, Denver, Colorado)

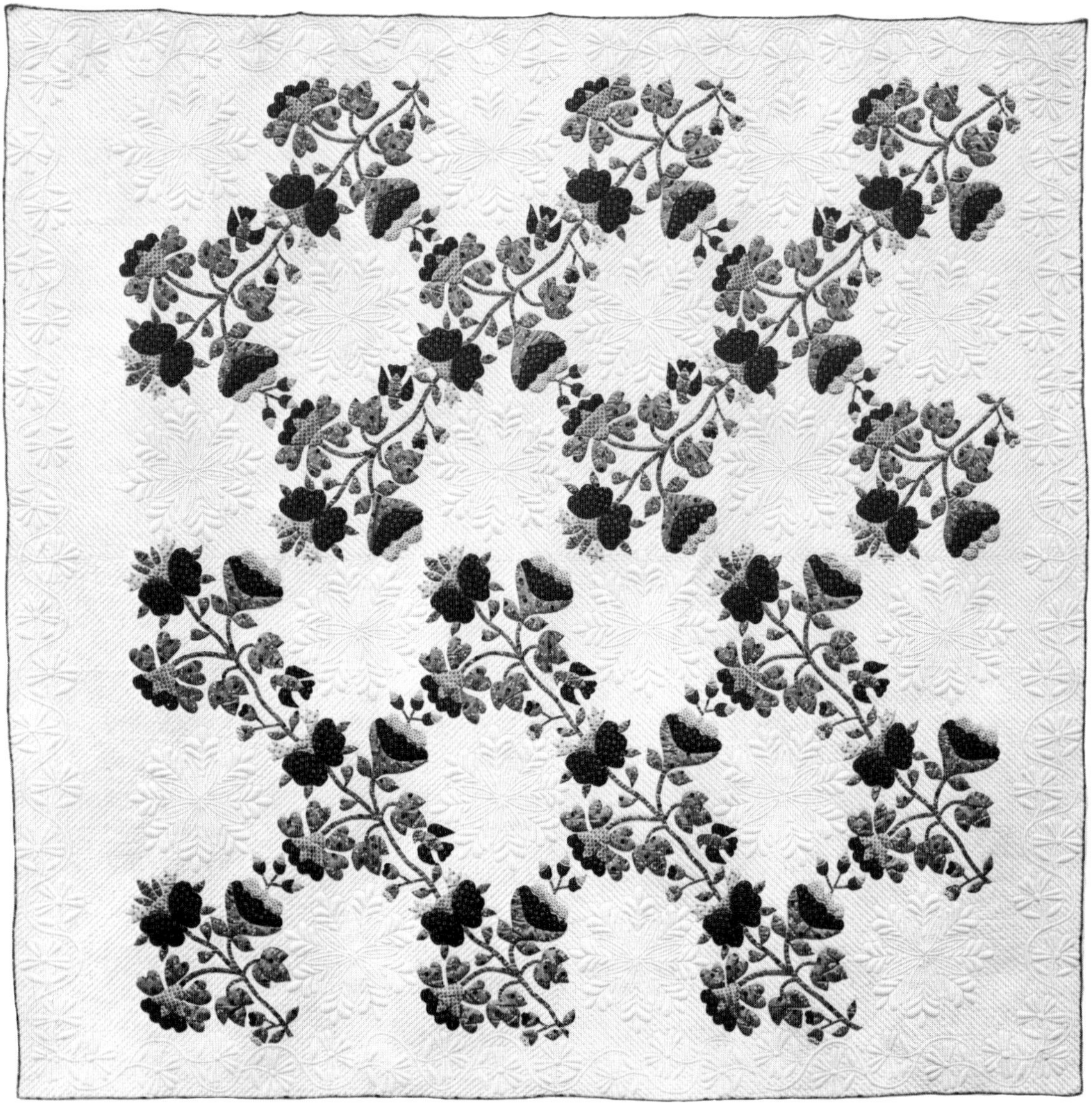

Abb. 177 Applikations-Quilt mit reicher Trapunto-Verzierung, Martindale Muster. Etwa 214 x 214 cm. Gearbeitet 1933 von Charlotte Jane Whitehall, nach einem Original der Vorfahren aus Carlyle, Ohio, etwa 1840. (Denver Art Museum, Denver, Colorado)

Abb. 178 Ernestine's Quult. Baumwolle. Ohio etwa 1860.
(Phyllis Haders, New York)

Abb. 179 Erdbeer (Strawberry)-Quilt. Ein Originalentwurf in Applikation und Trapunto. Baumwolle. Etwa 1840, Indiana.
(Phyllis Haders, New York)

Abb. 180 Weg eines Betrunkenen (Drunkard's Path).
Baumwolle. Etwa 1880.
(Phyllis Haders, New York)

Abb. 181 Dresdner Teller (Dresden Plate)

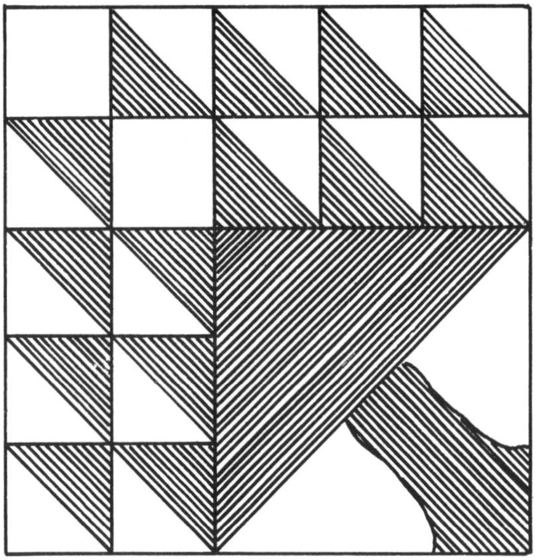

Abb. 182 Kiefer (Pine)

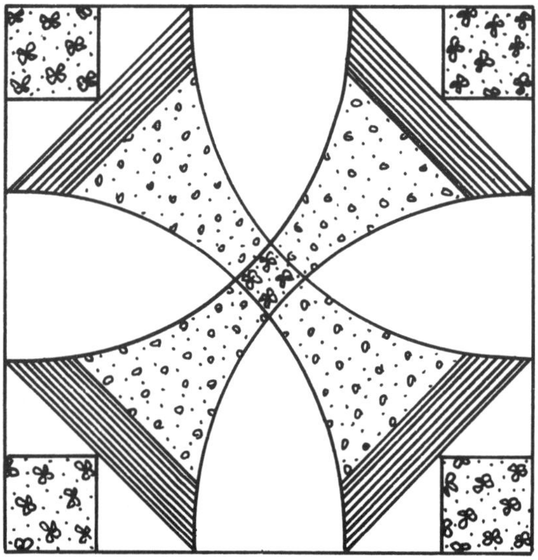

Abb. 183 Königliches Kreuz (Royal Cross)

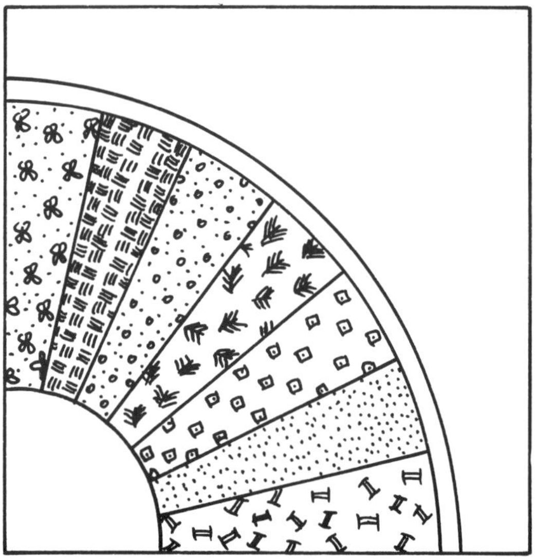

Abb. 184 Grossmutters Fächer (Grandmother's Fan)

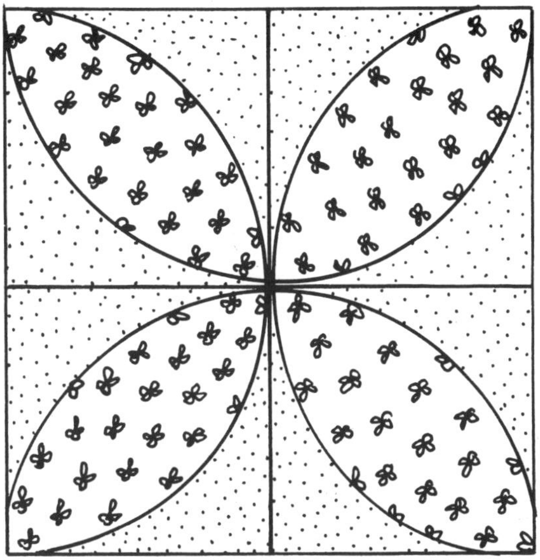

Abb. 185 Orangenschale (Orange Peel)

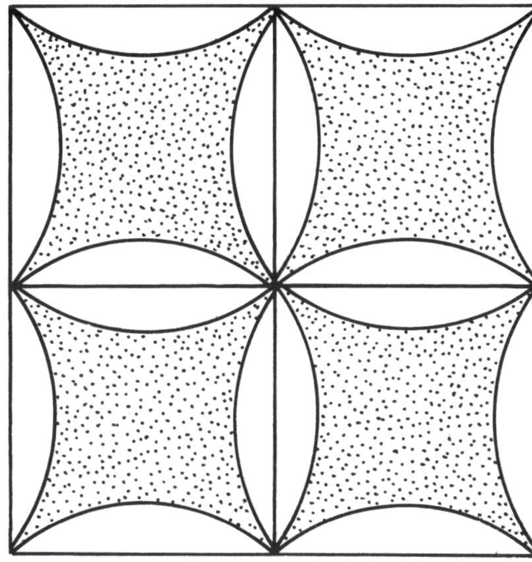

Abb. 186 Bestehle Peter – bezahle Paul (Robbing Peter to Pay Paul)

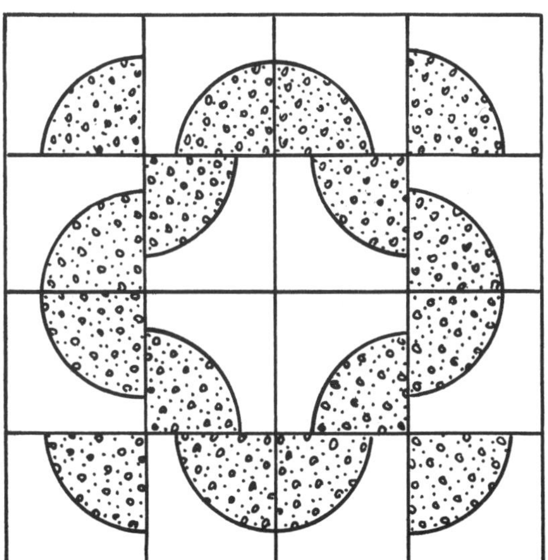

Abb. 187 Indianerpfad (Mohawk Trail)

Abb. 188 Weg eines Betrunkenen (Drunkard's Path)

Abb. 189 Spule (The Reel)

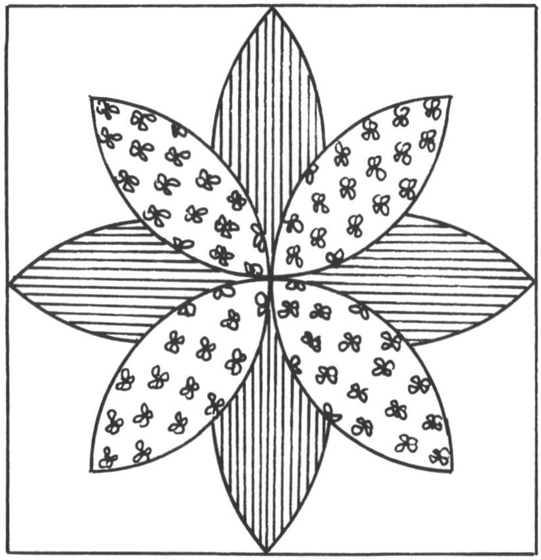

Abb. 190 Sternblume (Star Flower)

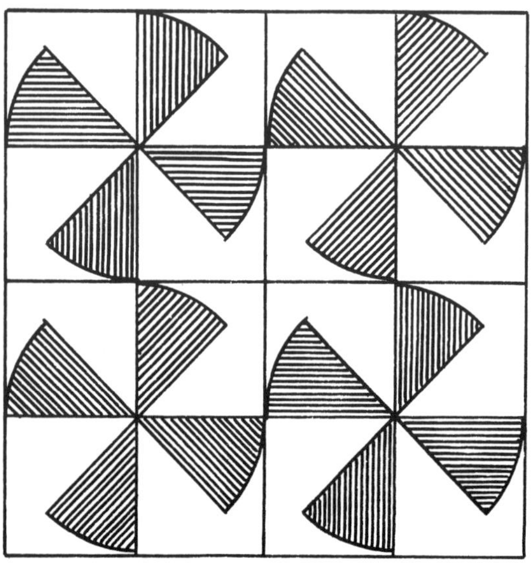

Abb. 191 Ventilatoren (Electric Fans)

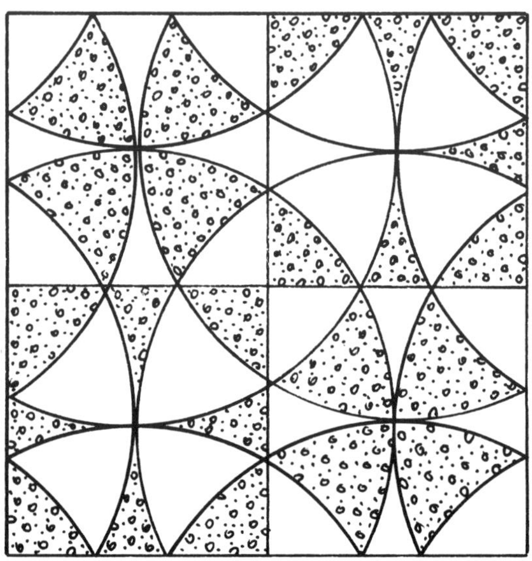

Abb. 192 Verschlungene Wege (Winding Paths)

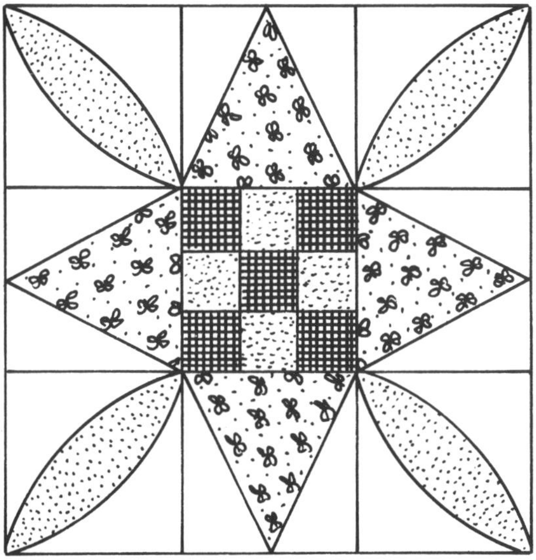

Abb. 193 Morgenstern (Morning Star)

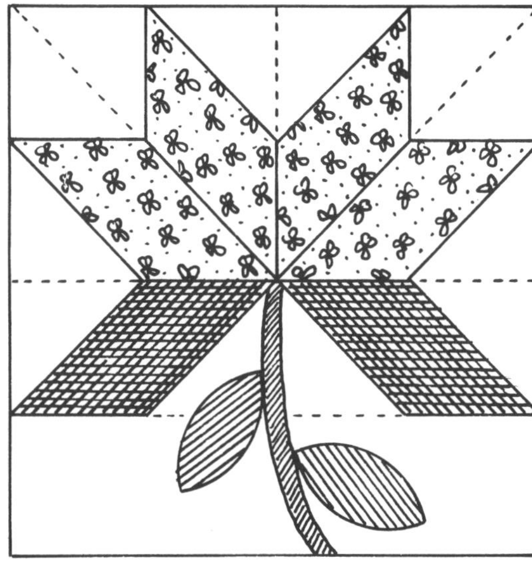

Abb. 194 Pfingstrose (Peony)

Abb. 195 Freundschaftsknoten (Friendship Knot)

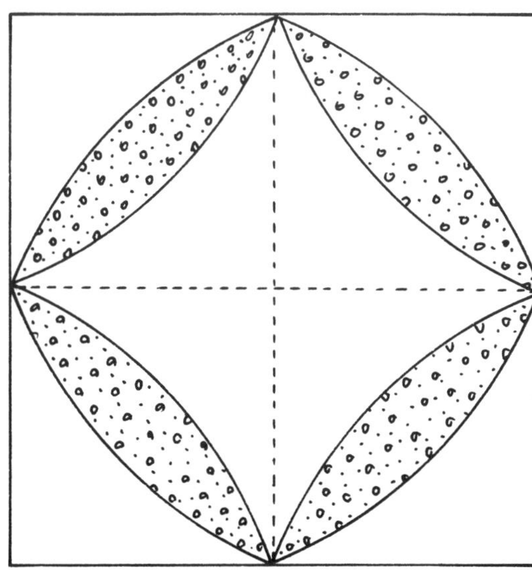

Abb. 196 Sonnenblume (Sunflower)

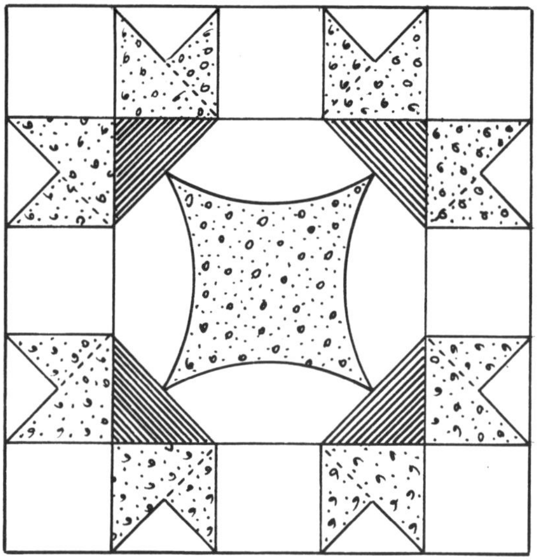

Abb. 197 Hands All Around

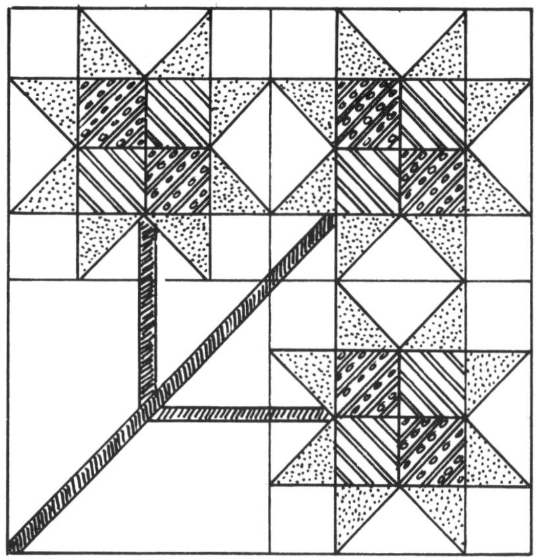

Abb. 198 Dreifache Sonnenblume (Triple Sunflower)

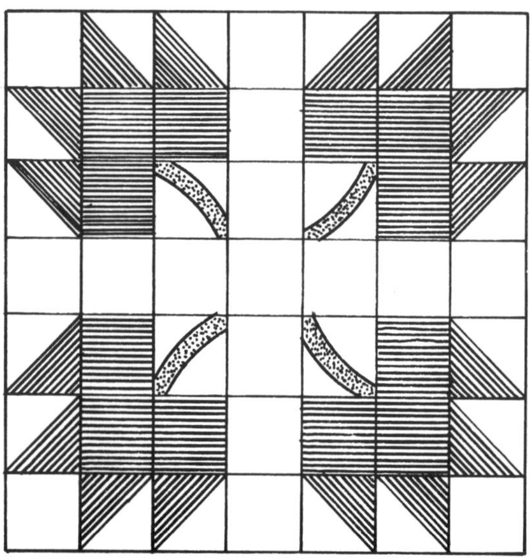

Abb. 199 Herbstblatt (Autumn Leaf)

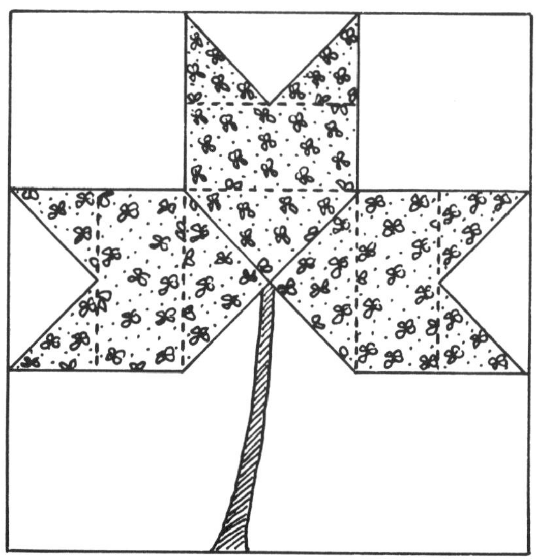

Abb. 200 Ahornblatt (Maple Leaf)

Abb. 201 Sharons Rose (Rose of Sharon)

Abb. 202 Eichenblatt und Spule

Abb. 203 Ohio Rose

Die Vorbereitungen, die man vor Beginn einer Arbeit treffen muss, sind grundsätzlich die gleichen wie beim Patchwork: Bestimmung der Grösse des fertigen Quilts sowie des einzelnen Quadrates, Anordnung der Quadrate, Entscheidung, ob neutrale Trennungsstreifen bzw. Einsätze verwendet werden sollen, und schliesslich die Farbentwürfe. Es ist wichtig, dass jede Arbeitsstufe sorgfältig durchgeführt wird.
Für die Anfertigung von Applikations-Schablonen gibt es keine allgemeingültige Regel. Die Vielzahl der möglichen Formen ist einfach zu gross. Doch kann man sich unterschiedlicher Techniken bedienen.
Wählt man ein Design, in dem Patchwork mit applizierten Teilen kombiniert wird, so zeichnet man das gesamte Quadrat mit allen Komponenten in der gewünschten Grösse sorgfältig auf Millimeterpapier auf. Danach zeichnet man die Teile für die Applikation ein (Abbildung 204). Kleine Teile wie Stiele usw. nicht zu zierlich planen!
Es muss ausreichend Fläche vorhanden sein, damit man beim Applizieren mühelos die Nahtzugabe unterfalten kann. Die geometrischen Teile werden ausgeschnitten und wie im Kapitel „Das Anfertigen von Schablonen" weiterbehandelt. Die Teile für die Applikationen werden in Originalform ausgeschnitten, die Schablone enthält keine Nahtzugabe. Diese wird später direkt zugegeben, wenn die Teile aus dem Stoff ausgeschnitten werden.

Abb. 204 Blumenkorb (Basket of Flowers)

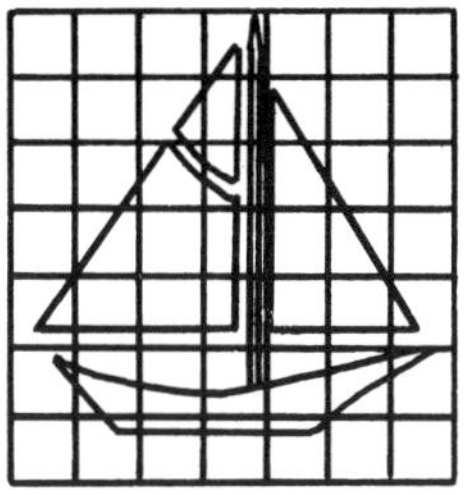

Abb. 205

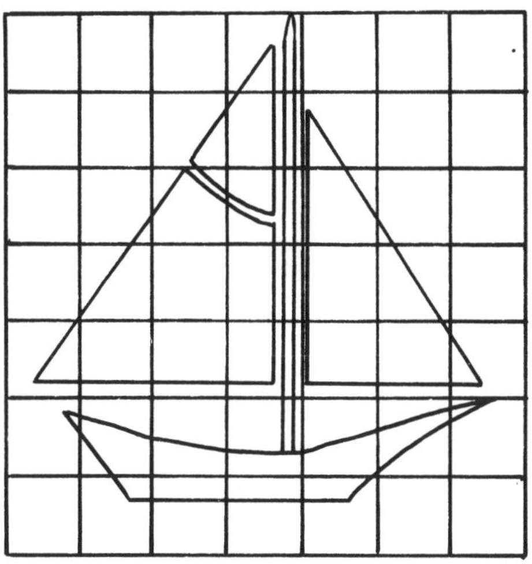

Abb. 206

Verwendet man Bilder, die kopiert werden, so muss man zuerst die Linien auf Pauspapier übertragen. Das Pauspapier wird dann auf dünne Pappe gelegt, ein Stück Kopierpapier dazwischengeschoben. Die Linien werden nochmals nachgezogen, und die Schablonen können ausgeschnitten werden.
Mit Hilfe von Kopierrädchen und Kopierpapier für Schneiderzwecke kann man die Umrisse einer Zeichnung direkt auf den Stoff übertragen. Das Kopierpapier wird auf den Stoff aufgelegt, die Zeichnung darüber, und die drei Lagen werden mit Stecknadeln zusammengehalten. Alle Linien werden mit dem Rädchen nachgezogen.
Sind die Figuren, die man verwenden möchte, zu klein, empfiehlt sich eine massstabgerechte Vergrösserung. Dies geschieht folgendermassen: Man zeichnet die Figur auf Pauspapier, überzieht sie dann mit einem Raster aus gleichgrossen Quadraten (Abbildung 205). Anschliessend schneidet man ein Blatt Papier im gewünschten Format zu, um darauf die Figur in vergrösserter Form nach folgender Methode zu übertragen: Man teilt diesen Bogen in die gleiche Anzahl Quadrate wie die ursprüngliche Zeichnung und überträgt jede Linie so vom kleinen in das entsprechende grosse Quadrat, dass sie dort eine identische Position einnimmt (Abbildung 206). – Für Figuren, die für den Verwendungszweck zu gross sind, kann man die gleiche Methode in umgekehrter Weise anwenden, um sie zu verkleinern. In diesem Fall beginnt man

mit einem grossen Raster und überträgt alle Linien auf einen kleineren. Scherenschnitte, die nur einmal benutzt werden, können direkt auf den Stoff aufgelegt und entsprechend der Stoffarbe mit Kreide- oder Bleistift nachgezogen werden. Will man die gleiche Form wiederholt verwenden, empfiehlt sich, eine Pappschablone zu erstellen, da der Faltschnitt seine genaue Form sehr schnell verliert.
Für Applikationen hat man bezüglich der Stoffart keine grosse Wahl. Bedruckte oder einfarbige Baumwollstoffe eignen sich für diese Arbeit am besten. Sie sollten fest gewebt sein, damit die Schnittkanten während des Annähens möglichst wenig ausfransen. Spielen Sie mit den Farben! Legen Sie die verschiedenen Stoffe zusammen, damit Sie eine ansprechende Mischung von Bunt- und Unistoffen erreichen. Vor dem Zuschneiden sollten die Stoffe, wie auch bei Patchworkarbeiten, zuerst gewaschen und gebügelt werden.
Alle für die Arbeit benötigten Teile legt man auf den Stoff auf, zieht die äusseren Linien nach und schneidet sie zusätzlich der Nahtzugabe zu. Figuren mit engen Rundungen müssen der Kante entlang sorgfältig (!) eingeschnitten werden, damit sie sich beim Annähen besser an die Unterlage anpassen (Abbildung 207).

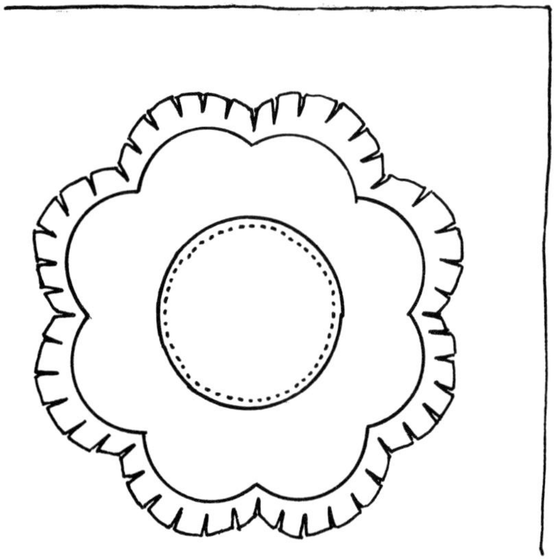

Abb. 207

Abb. 208

Abb. 209

Dann legt man die Teile auf der Grundlage auf, schlägt die Nahtzugabe entlang der gezeichneten Linien sauber ein und heftet sie fest. Bei scharfen Winkeln muss man acht geben, dass die Nahtzugabe akkurat eingeschlagen und später mit extra engen Stichen festgehalten wird. Sollten sich zwei Teile an den Rändern überdecken, kann man sich beim unteren Teil das Einschlagen der Nahtzugabe ersparen. Es ist jedoch wichtig, dass man beim Annähen des oberen Stoffstückes *alle* Lagen erfasst.

Zum Nähen eignet sich ein fester Faden, der farblich zu den Applikationsstoffen passt. Benutzen Sie zum Nähen kurze Fäden, ein langer Faden wird durch das häufige Durchziehen abgenutzt und geschwächt.

Zum Annähen kann man entweder einen gleichmässigen zierlichen Vorstich benutzen (Abbildung 208) oder kleine unsichtbare Stiche, um die Applikation entlang des Nahtumschlags an der Grundlage festzunähen (Abbildung 209). Beide Sticharten eignen sich gleich gut, und es ist eine Frage des persönlichen Geschmacks, ob man die Nähte zeigen oder verstecken will.

DAS APPLIZIEREN MIT DER MASCHINE

Ist man kein Freund kniffliger Handarbeit oder will man die Applikation haltbarer machen – dies ist besonders für Kinderdecken zu empfehlen –, sollte man sich für das Applizieren mit der Maschine entschliessen. Die Vorbereitungen sind die gleichen. Besondere Sorgfalt sollte man allerdings darauf verwenden, alle Teile gut zu heften: Beim Maschinennähen verschieben sich die Stoffe leicht, und die Arbeit lässt sich während des Nähens weniger gut kontrollieren als beim Nähen von Hand. – Benutzen Sie entweder einen Nähmaschinenstich in normaler Stichlänge oder einen Zick-Zack-Stich, der den Nahtumschlag ordentlich erfasst. Die Fäden werden nach dem Nähen verstochen, indem man den oberen Faden nach hinten durchzieht, mit dem unteren Faden verknotet und dann abschneidet.

Beim Nähen der Quadrate, die aus Patchwork- und applizierten Teilen bestehen, kombiniert man die Techniken. Man schneidet erst die geometrischen Einzelteile nach den Schablonen zu und näht sie zusammen (Anleitung unter „Das Nähen der Patchworkfläche"). Die zu applizierenden Teile werden dann sorgfältig auf das Quadrat aufgeheftet und angenäht.

Je besser man die eigentliche Technik des Applizierens beherrscht, umso mehr kann man sich auf besondere Effekte verlegen. Mit der Zeit findet man seinen eigenen Stil und gibt der Arbeit mit kleinen Attributen eine persönliche Note. – Beispielsweise können durch Stickerei einige Stellen hervorgehoben werden. Bei einem Quilt oder Wandbehang für ein Kinderzimmer können markante Punkte im Design durch Wattierung betont werden. Man erreicht diesen Effekt, indem man an der bestimmten Stelle das zu applizierende Stoffstück nur so weit annäht, dass eine kleine Öffnung bleibt, durch die man etwas Füllung einschiebt. Hat man die richtige Menge eingelegt, schliesst man die Lücke durch einige Stiche.

Sind die applizierten Quadrate fertiggestellt, kann man sie direkt aneinandernähen oder mit Trennungsstreifen bzw. neutralen Einsätzen zusammenfügen. Dann kommt die Wahl einer Borte: Sie soll einen Gegenpol zur Applikation bilden und die Harmonie im Zusammenspiel der Farben und Formen verstärken. Sie kann in sich selbst ausdrucksvoll sein, darf aber das Muster nicht erdrücken. Ein kräftiges, appliziertes Muster in klaren Farben würde ebensowenig zu einer Borte aus zarten Zweigen und Blumen passen wie ein Kinderquilt in hellen Farbtönen zu einer breiten Patchworkborte.

So ergeben sich einige Richtlinien für die Wahl eines passenden Rahmens gewissermassen von selbst. Bei Applikationen und Patchworkoberflächen ist es vorteilhaft, wenn man eine Stoffsorte oder ein Detail aus der Arbeit mit in die Borte einbezieht. Man sollte vermeiden, kräftige Patchworkborten mit Applikationen zu kombinieren. Eine dünne Borte aus kleinen Dreiecken in einer Decke mit einem applizierten Haupt- und Randmotiv kann jedoch eine wirklich interessante Ergänzung bilden. – Einfache Borten in der Grundfarbe der Decke wirken eigentlich immer gut. Sie können entweder den positiven Effekt des Quiltmusters noch verstärken oder aber eine Unausgewogenheit ausgleichen, sie können ergänzend, beruhigend oder unterstreichend wirken. Die Borte kann z.B. durch schmale Kanten (in einer Farbe der Applikationen) unterbrochen werden; sie bietet viel mehr Raum für ein schönes Steppmuster; oder sie kann mit einem Rand in Muschelform versehen werden. – Eine Ranke mit Blättern oder Blumen ist eine ideale Ergänzung zu einem applizierten Quilt mit einem Blumenmotiv. Sie wird auf einer einfarbigen Borte probeweise aufgelegt. Diagonal geschnittene Stoffstreifen passen sich beim Annähen den Rundungen gut an. Plant man eine Borte mit einem applizierten Muster oder in Muschelform, ist es äusserst wichtig, dass man die Länge der Borte mit der Grösse des Musters abstimmt (Abbildung 210).

Die Gesamtwirkung wird gestört, wenn die verschiedenen Dimensionen nicht übereinstimmen (Abbildung 211). Bei einer Bortenlänge von 180 cm kann man die Muscheln z.B. 9 cm, 10 cm, 15 cm oder 18 cm gross machen. Die Grösse des Musters wird in dem Fall von der Allgemeinwirkung des Quilts bestimmt: Ein zierliches Quiltmuster erfordert kleinere Muscheln usw.

Hat man die Borte angebracht, werden Oberfläche mit Füllung und Rückseite zusammengelegt, geheftet und alle drei Lagen gesteppt. Danach werden die Kanten versäubert; die Arbeit ist fertig.

Eine applizierte Arbeit, die nicht geometrisch gegliedert ist – z. B. eine Landschaft –, kann entweder ohne Steppen in einen passenden Holzrahmen gespannt oder aber mit Füllung und Rückseite versehen und gesteppt werden. Im letzteren Falle empfiehlt sich eine schmale Einfassung zur Kantenversäuberung, die dann gleichzeitig als Rahmen dient.

Abb. 210

Abb. 211

DAS ARBEITEN MIT UMGEKEHRTEN APPLIKATIONEN

Die Abbildung 212 zeigt ein „Mola“. Eine faszinierende Technik, die von den Frauen in Panama – vor allem auf den San Blas Inseln – und im Norden von Südamerika ausgeübt wird. Sie wurden ursprünglich als dekorative Vorder- und Rückenteile für Blusen verwendet und waren mit freigestalteten Figuren verziert. Beredter als jede Sprache vermitteln sie die Empfindungen ihrer Gestalterinnen:
Sie drücken mit symbolischen Darstellungen die Verbundenheit zur Natur aus und dokumentieren den starken Einfluss von Religion und Aberglauben.
Die Farbskala ist gross und umfasst vorwiegend klare, kräftige Töne. Die meisten Molas sind vielfarbig, doch gibt es auch herrliche, zweifarbige Exemplare. Die Farbe Rot scheint – als oberste Stofflage – eine Vorrangstellung einzunehmen. Drucke werden nur sehr selten als Einlage verwendet.
Die Technik ist eine Form von umgekehrter Applikation. Bei der normalen Applikation wird ein Stoffstück auf das andere aufgenäht. Bei der umgekehrten Applikation fängt man mit verschiedenfarbigen Stoffen an, von denen zwei bis vier Lagen aufeinandergelegt und geheftet werden. Einem Muster entsprechend schneidet man Teile der obersten Lage aus, um die darunterliegende, andersfarbige Stoffschicht freizulegen. Beeindruckend ist, dass die Muster der Molas meistens ohne Zeichenentwürfe direkt aus dem Stoff ausgeschnitten werden!

Abb. 212 Mola. Handarbeit der Kuna Indianer, Panama. (Im Besitz der Autorin)

Beim abgebildeten Mola gewinnt man den Eindruck, dass viel mehr als zwei, drei oder vier verschiedene Stofflagen verwendet wurden. Doch ist undenkbar, dass man etwa 15 bis 20 verschiedene Stoffe übereinanderlegen und dann die untersten Lagen auf eine saubere Weise freilegen kann. So hat die Schöpferin dieser faszinierenden Handarbeit sich eines einfachen Mittels bedient: Sie hat an vereinzelten Stellen kleine, andersfarbige Teile eingeschoben und angenäht, die ein Bild von beeindruckender Farbintensität ergeben. Wenngleich diese Technik nicht so leicht zu meistern ist, verspricht sie doch interessante Effekte, auch wenn man sie nur für kleine Objekte oder in Kombination mit normaler Applikation anwendet. Selbst wenn die begabten Indianer keiner Skizze bedürfen, empfiehlt sich, mit wenigen Strichen den Entwurf festzuhalten. Von einem Muster mit vielen, kleinen Ausschnitten und Rundungen sollte man vorerst einmal Abstand nehmen. Auch sollte man sich von vornherein klar werden, ob man lieber ein kleines, in sich abgeschlossenes Objekt arbeiten will oder aber einige separate Quadrate, die dann wie eine Quiltoberfläche zusammengenäht werden.
Als Stofftyp ist auch für diese Arbeit Baumwolle oder ein Baumwollgemisch ideal. Von Stoffen mit starker Oberflächenstruktur, Jerseys und sehr glattem Material sollte man Abstand nehmen; sie sind für eine solche Arbeit einfach ungeeignet.

Jetzt schneidet man alle Stoffe in der gleichen Grösse zu, legt sie – der Entwurfsidee entsprechend – in der richtigen, farblichen Reihenfolge aufeinander. Die Farbe, die zuletzt freigelegt werden soll, liegt an unterster Stelle, die anderen werden nacheinander darübergelegt. Dann heftet man alle Lagen zusammen, indem man in beiden Richtungen durch die Mitte und ringsum den Kanten entlang näht.
Die Zeichnung wird nun mit Hilfe von Pauspapier auf den oberen Stoff übertragen. Mit einer gut geschliffenen Schere schneidet man vorsichtig durch die erste Stofflage. Die Nahtzugabe bleibt bestehen. An den Rundungen und Ecken wird sie eingeschnitten und dann nach innen eingeschlagen (Abbildung 213). Mit kleinen Stichen näht man den Stoff entlang des Umschlages an der nächsten, darunterliegenden Stofflage an. Der Stoff an den eingeschnittenen Ecken muss genauestens erfasst werden, damit er später nicht

Ab. 213

ausfransen kann. – Danach wird durch die zweite Stofflage geschnitten, um die dritte Farbe freizulegen – (auch hier wieder an die Nahtzugabe denken!) –, die wieder gleich angenäht wird. (Die unterste Stofflage wird niemals eingeschnitten.) – Der Faden muss immer mit der Farbe des Stoffes übereinstimmen, der gerade festgenäht wird. Wie bereits erwähnt, kann man bestimmte Details im Entwurf noch hervorheben, indem man andersfarbige Stoffstücke zuschneidet (etwas reichlicher als sie später sichtbar werden), und sie in die vorhandenen Öffnungen einschiebt. Dann wird die obenauf liegende Nahtzugabe untergefaltet und mit feinen Stichen an den eingeschobenen Stoffteilen festgenäht.
Besteht eine Arbeit aus verschiedenen Quadraten, so werden diese alle auf die gleiche Weise fertiggestellt und dann zur Oberfläche zusammengenäht. Danach heftet man sie mit einer Einlage und einer Rückseite zusammen und versieht den Quilt mit Knoten oder einem Steppmuster (Einzelheiten entnimmt man dem Kapitel „Das Steppen des Quilts“).
Einen in sich abgeschlossenen Entwurf kann man mit einer Rückseite – zur Versäuberung – versehen und als Wandbehang benutzen. Die vielen verschiedenen Lagen geben dem Objekt bereits die erforderliche Festigkeit, so dass man von einer Füllung als Einlage absehen kann.

DAS ARBEITEN MIT DEM BLOCKHAUS-QUADRAT

Obwohl das „Blockhaus" (Log Cabin)-Quadrat eigentlich zu den Patchwork-Quadraten zählt, möchte ich ihm ein separates Kapitel widmen. Man hat diesem Muster von jeher viel Aufmerksamkeit geschenkt, und es wurde Ausgangspunkt einer grossen Zahl faszinierender Quilts. Es bietet sowohl vom Aufbau des Quadrates als auch von der Farbwahl und vom Aneinandersetzen der fertigen Quadrate verschiedene, interessante Möglichkeiten. Schaut man sich im Buch die einzelnen Illustrationen von Quilts mit „Blockhaus"-Muster an – ihre Wirkung wird durch die unterschiedliche Plazierung von Hell und Dunkel bestimmt –, erkennt man, dass noch viele andere Kombinationen in der Quadratanordnung möglich sind. Aus diesem Grund schlage ich vor, mit einer Skizze des gesamten Oberflächenmusters zu beginnen.

Es gibt zwei grundsätzliche Methoden, die Streifen innerhalb des Quadrates anzuordnen: Bei der ersten wird das Viereck diagonal halbiert. Die eine Hälfte wird aus dunklen, die andere aus hellen Streifen zusammengenäht (Abbildung 214). Bei der zweiten liegen sich zwei helle und zwei dunkle Dreiecke gegenüber (Abbildung 215). Das untenstehende Beispiel sowie die Entwürfe von „Insektenpuppe" (Chrysalis), „Blockhaus" Varianten I und II (siehe Seiten 27, 140 und 174) zeigen, welch breiten Gestaltungsspielraum das „Blockhaus"-Muster bietet, wenn man es frei interpretiert.

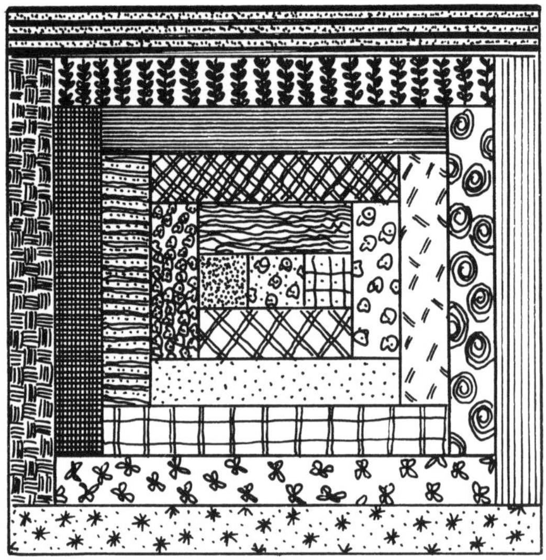

Abb. 214 Variante I

Abb. 215 Variante II

Man schneidet eine Anzahl Vierecke aus, die in der gewünschten Anordnung von Hell und Dunkel skizziert wurden (Streifen und detailliertes Ausmalen sind unnötig, da es nur um den Effekt des Designs geht). Dann legt man sie aus, bis man einen passenden Entwurf findet. Mit wenigen Strichen sollte man ihn aufzeichnen und für später aufheben.
Entsprechend der im Patchworkteil erklärten Arbeitsstufen wird jetzt die Grösse des Quadrates in folgender Weise ermittelt: Man bestimmt das Gesamtformat des Quilts und teilt es durch die Anzahl der Einzelquadrate laut Entwurf. Hat man sich z. B. für den Deckenentwurf in Abbildung 221 entschieden und plant ein Format von 176 x 176 cm, so ergibt sich eine Quadratgrösse von 22 cm. Dieses Quadrat wird auf Millimeterpapier aufgezeichnet und sorgfältig in die erforderlichen Streifen eingeteilt. Die Streifenbreite ergibt sich aus der Grösse des Quadrats. Bei 22 cm und einem „Auge" (Mittelpunkt) von 2 cm würde die Streifenbreite – bei beispielsweise fünf Streifen in jeder Richtung vom Mittelpunkt aus – 2 cm betragen.
Dann schneidet man die Streifen aus dem Papier aus (manche erscheinen in der gleichen Länge doppelt – deshalb nur einmal ausschneiden) und fertigt die Schablonen mit Nahtzugabe an.

Abb. 216 Blockhaus (Log Cabin)-Quilt. Wolle. Wiegenquilt. Pennsylvania, etwa 1860.
(Privatbesitz)

Abb. 217 Blockhaus (Log Cabin)-Quilt. 160 × 160 cm.
1975. (Gearbeitet von und im Besitz der Autorin)

Abb. 218 Art Deco, Blockhaus Variante II (Log Cabin Variation II). Gearbeitet aus Satin, Samt und Baumwolle. Etwa 208 x 208 cm. 1979.
(© Maria McCormick-Snyder, Annapolis, Md.)

Den „Blockhaus"-Entwurf kann man durch die ausgewählten Stoffe persönlich prägen. Man kann weiche, leicht verwaschene Farben wählen, um einen Quilt mit „old world charme" zu schaffen. Lebhafte Drucke in klaren Farben lassen eine Decke modern wirken. Darüber hinaus wird das Gesamtbild eines Quilts im Blockhaus-Muster, das von Natur aus bewegt ist, von der Zahl der verwendeten Stoffe beeinflusst. Man sollte überhaupt erwägen, ob man nur mit zwei oder lieber mit mehreren Farbtönen arbeiten möchte. Ein „Blockhaus"-Quilt nur aus Beige und Weinrot zusammengesetzt mit einem lilafarbenen „Auge", wirkt faszinierend. Das sogenannte „Auge" ist das innerste Viereck des Quadrats. Für alle Augen eines Quilts wird immer derselbe Stoff verwendet. Es soll hervorstechen. Es kann aus einer Kontrastfarbe bestehen, deren Wiederholung als ganz schmaler Rand vor der breiten, eigentlichen Borte dem Quilt einen ausgewogenen Ausdruck verleiht.

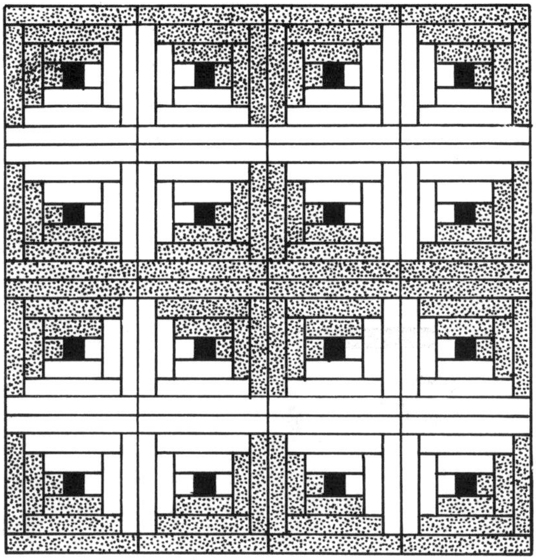

Abb. 219 Gestaltungsvariante für das Blockhaus (Log Cabin)-Quadrat

Abb. 220 Eine weitere Variante

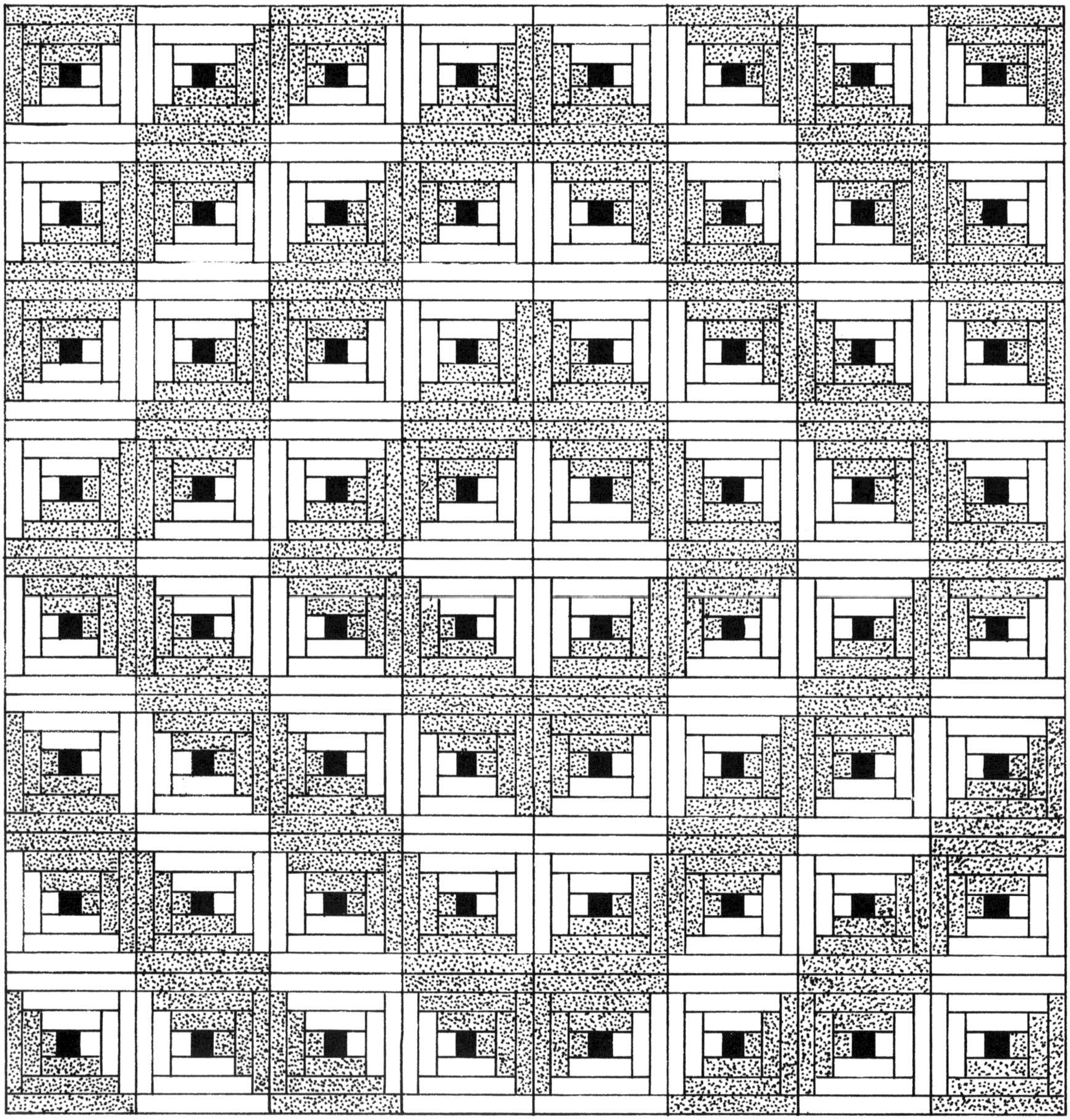

Abb. 221 Und noch eine Variante für das Blockhaus-Quadrat

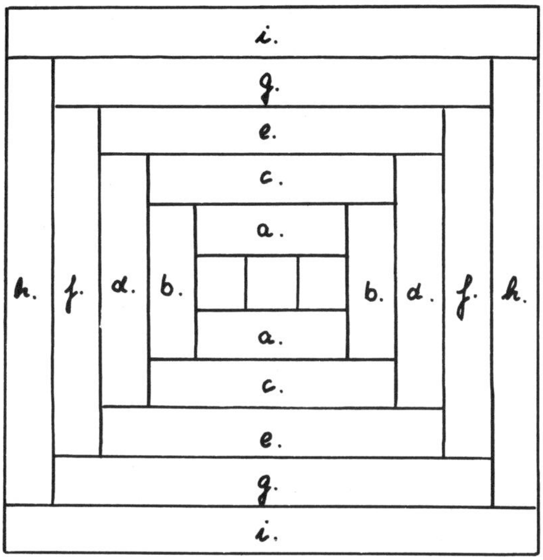

Abb. 222

Die Stoffe werden gewaschen (da sie meist eingehen) und gebügelt. Man schneidet die Stoffstreifen für ein Quadrat zu. – Zuvor muss man sich jedoch die genaue Streifenanordnung (Variante I oder II) ins Gedächtnis zurückrufen, damit man von vornherein die Teile in der richtigen Hell- und Dunkelanordnung zusammenfügt. Bei Variante I schneidet man von den beiden kleinen Vierecken – links und rechts vom Mittelpunkt – jeweils eines in dunklem und eines in hellem Stoff aus und näht sie an. Bei Variante II werden die beiden kleinen Vierecke aus dunklem Stoff zugeschnitten und rechts und links vom Mittelpunkt angenäht. (Das Bügeln nach jedem angenähten Teil nicht vergessen!) – Danach werden beide Streifen a angefügt, denen die Streifen b folgen, und dann c usw., bis das ganze Quadrat fertiggestellt ist (Abbildung 222). Man erkennt, dass die Nähanordnung bei beiden Quadraten (I und II) die gleiche ist und dass sich nur die Streifenschattierung ändert. Bis man mit dem System richtig vertraut ist, sollte man immer wieder die Skizzen zu Hilfe nehmen.

Sobald alle Quadrate fertig sind, werden sie dem Gesamtmuster entsprechend zusammengenäht, mit einer Borte versehen und mit Füllung und Rückseite zusammengeheftet. Bei so lebhaften Mustern wie dem „Blockhaus" sieht man normalerweise von einem umfassenden Steppmuster ab. Unsichtbare Knoten oder Stepplinien entlang aller Nähte sind wünschbar. Auch wenn sich das „Blockhaus"-Quadrat sehr gut für das Maschinennähen eignet, möchte ich darauf hinweisen, dass diese Arbeit früher nur von Hand gemacht wurde. Und vielleicht gibt es auch heute einige Quiltnäher, die gern eine umfassende Arbeit von Hand ausführen möchten. Aus diesem Grund sei hier kurz erwähnt, dass die Technik die gleiche ist wie bei den „Crazy Quilts". Man schneidet eine Stoffgrundlage in der erwünschten Grösse aus, heftet das mittlere Viereck auf und näht in der richtigen Anordnung die Streifen von Hand durch alle Lagen hindurch auf (Abbildung 223).

Abb. 223

FLICKENDECKEN (CRAZY QUILTS)

Die ursprüngliche Form des „Crazy" (verrückten)-Quilts war nichts anderes als eine Flickendecke. Sie wurde aus der Notwendigkeit geboren. Man benutzte dafür alle noch brauchbaren Stoffstücke abgetragener Kleidung, um sie in neuer Form weiterhin zu benutzen. – Die Flickendecken entwickelten sich im Lauf der Zeit dann zu den stark geometrisch beeinflussten Patchworkquilts. Erst im viktorianischen Zeitalter kam man auf den „Crazy"-Quilt zurück. Schon damals hatte er mit dem Gebrauchsgegenstand überhaupt nichts mehr gemein: Er wurde aus den kostbaren Stoffen dieser Epoche – Brokat, Samt, Seide und Satin in satten Farben – genäht, mit verschiedensten Stickstichen, reich verziert und als Dekorationsobjekt verwendet (Abbildung 4).

Für eine Flickendecke werden alle Stoffteile auf ein Stück Stoff aufgenäht. Es kann entweder so gross sein wie die gesamte Decke oder aber aus einer bestimmten Anzahl von Quadraten bestehen – (die Grösse hängt vom Endformat der Decke ab) –, die man dann später auf die gleiche Weise wie eine Patchworkoberfläche zusammennäht.

Die Kanten der Stoffgrundlage müssen gerade geschnitten sein und im rechten Winkel aneinanderstossen. Dann wählt man die Stoffteile aus und legt sie provisorisch auf den Stoff auf, um ein gewisses Gefühl für die Arbeit zu bekommen. – Man fängt entweder in einer der Ecken oder in der Mitte an und heftet das erste Teil entlang der Schnittkante an der Grundlage fest. Nun legt man das zweite Teil – mit der rechten Seite nach unten – so darauf, dass seine Schnittkante die des ersten Stückes in der entsprechenden Länge verdeckt. Mit nicht zu feinen Vorstichen näht man am Rand des zweiten Stücks durch alle Lagen, schlägt das Teil um, rechte Seite nach oben, und bügelt es glatt. Das dritte und alle weiteren Stücke werden anschliessend auf die gleiche Weise aufgelegt und angenäht, bis die gesamte Stoffgrundlage bedeckt ist (Abbildung 224). Wichtig ist, dass alle Kanten der einzelnen Teile grosszügig abgedeckt werden und man beim Nähen die Grundlage immer mit erfasst, um der Handarbeit Festigkeit zu verleihen. Man schneidet überhängende Stoffecken ab und fertigt alle anderen Quadrate in gleicher Weise an.

Je nach Belieben kann man mit Besticken entweder warten, bis die gesamte Oberfläche fertig ist, oder zur Abwechslung jedes Quadrat separat verzieren. Man benutzt Stick- oder Perlgarn, in Farben, die man gern mit den einzelnen Flicken zusammen sehen möchte, und versieht jede Naht mit einer Reihe von Zierstichen. Arbeitet man an den einzelnen Quadraten, braucht man die Aussenkante nicht zu besticken. Erst nachdem alle Quadrate zur Oberfläche zusammengefügt wurden, werden die Nähte verziert und gleichzeitig verstärkt. – Es gibt verschiedene Stickstiche, die man benutzen kann: Kreuz-, Ketten-, Blatt-, Hexen-, Knopfloch- und Stilstich sind

nur einige, mit denen man die Flickendecke individuell verzieren kann. Nachdem alle Quadrate zusammengefügt wurden, näht man eine oder auch mehrere Borten an. Für Flickendecken eignen sich einfarbige Borten am besten, weil sie der bewegten Oberfläche ein Gegengewicht bieten. Wie versäubert man seine Flickenarbeit am besten? Oft werden nur die Kanten der Borte versäubert und in dieser Form als Wandbehang benutzt. Man findet die Rückseite mit den vielen, verschiedenen Stickstichen zu interessant, um sie mit Stoff abzudecken.
Möchte man seine Arbeit als Decke verwenden, so ist es allerdings ratsam, dem Ganzen durch eine Einlage und eine Rückseite mehr Form und Stabilität zu verleihen. Nachdem die Flickenarbeit bereits relativ dick ist, sollte man anstelle von Dacronfüllung Flanell als Einlage benutzen. – Die Rückseite, etwas grösser zugeschnitten, wird mit der rechten Seite nach unten auf dem Fussboden ausgelegt. Darauf kommt die Einlage und zum Schluss der Flikkenentwurf, rechte Seite nach oben. Vorsichtig werden alle drei Lagen glattgezogen, damit beim Heften keine Falten eingenäht werden.
Weil das Steppen einer Flickendecke wegen der vielen Stofflagen gänzlich unmöglich ist, sollte man eine der „Alternativen zum Steppen" (genauer beschrieben im entsprechenden Kapitel) erwägen. Ich empfehle entweder unsichtbare Knoten oder Schleifen, die

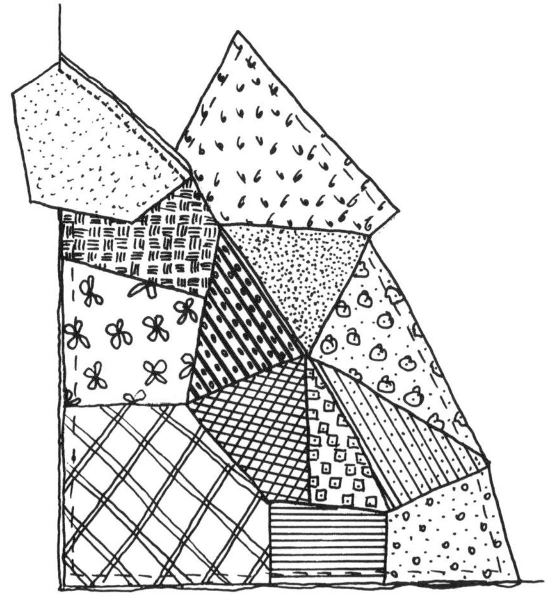

Abb. 224

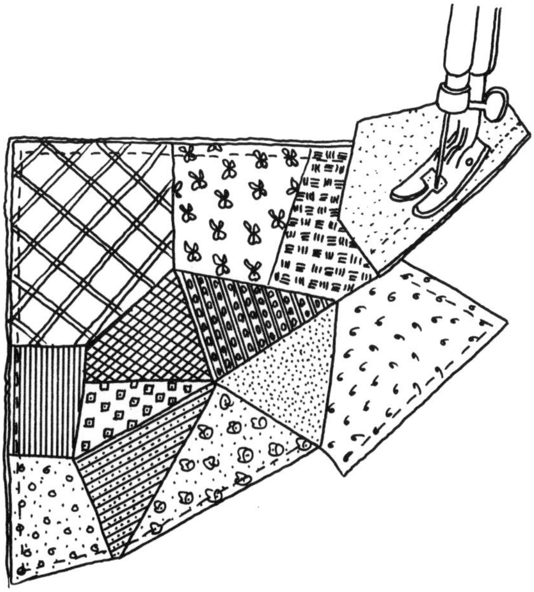

Abb. 225

auf der Rückseite zu binden wären, um die lebhafte Wirkung der Flickenarbeit nicht noch zu intensivieren. Für die Versäuberung der Kante sollte man eine Methode wählen, die keine zusätzliche Farbe ins Spiel bringt. Am günstigsten ist, das Bortenmaterial nach hinten umzuschlagen und festzunähen. Der „Crazy"-Quilt hat viele Liebhaber. Dies ist leicht verständlich, denn die Weichheit des Samtes, der Schimmer von Seide und Satin und die reiche Stickerei einer solchen Decke vermitteln ein Gefühl von Eleganz. Ein solcher Entwurf ist auch heute durchaus denkbar. Aber vielleicht zieht man vor, in der Technik des „Crazy"-Quilts eine Flickendecke zu nähen, die eher dem heutigen Lebensstil entspricht. Die Wahl klarer Farben und verschiedene Reihen maschinengenähter Zierstiche sind Hilfsmittel, dieses Ziel zu erreichen. Die einzelnen Arbeitsstufen werden in der gleichen Reihenfolge vorgenommen, wie bereits am Anfang des Kapitels erklärt. Nur beim eigentlichen Nähen haben wir zwei verschiedene Möglichkeiten: Die Teile können, wie bei der Handarbeit, mit der rechten Seite auf die Grundlage aufgelegt, angenäht und umgedreht und danach an den Nähten mit einem Stickstich verziert werden (Abbildung 225). Man kann aber auch bei einem Stoffteil eine schmale Naht nach unten einschlagen, das Teil anheften und dann sorgfältig mit einem Maschinen-Zierstich entlang der Naht nähen.

DAS ARBEITEN MIT VIELECKEN

Betrachtet man amerikanische Patchworkquilts des späten 18. und frühen 19. Jahrhunderts, fällt einem auf, dass trotz einer Vielzahl unterschiedlicher Patchworkmuster Entwürfe mit Diamanten und Sechsecken besonders beliebt waren. Im Gegensatz zu vielen Patchworkquadraten, die sich aus unterschiedlichen geometrischen Komponenten zusammensetzen, enthalten diese Entwürfe meist nur eine sich wiederholende Figurenbildung. Das eigentliche Design ergibt sich entweder durch die Anzahl der Teile oder die Plazierung der verschiedenen Farbtöne. In den Abbildungen 226 und 227 wird dies deutlich veranschaulicht. In beiden Fällen wurde die Diamantfigur verwendet: Bei Abbildung 226 wurden 72 Teile zu einem Stern zusammengenäht und abwechselnd mit neutralen Einsätzen oder Trennungsstreifen auf der Oberfläche arrangiert. Bei Abbildung 227 ergibt die gleiche Figur, in einer Vielzahl von unterschiedlichen Stoffen angeordnet, ein beeindruckendes Muster, das die gesamte Oberfläche einnimmt.

Abb. 226

Abb. 227

Man kann entweder mit einem Diamanten arbeiten, der Winkel von 45 und 135 Grad beinhaltet (Abbildung 228) und der im Aufbau den achtzackigen Stern ergibt (Abbildung 226), oder mit einem, der sich aus 60 und 120 Grad aufbaut (Abbildung 229) und sich zum sechszackigen Stern zusammenfügen lässt (Abbildung 231). Er ist auch identisch mit der geometrischen Figur, aus der das bekannte „Kinder-Bausteine" (Baby Block)-Muster entsteht, und eignet sich zum Kombinieren mit Sechsecken. Das „Baby Block"-Muster (Abbildungen 230 und 236) war – und ist auch heute noch – in England sehr beliebt.

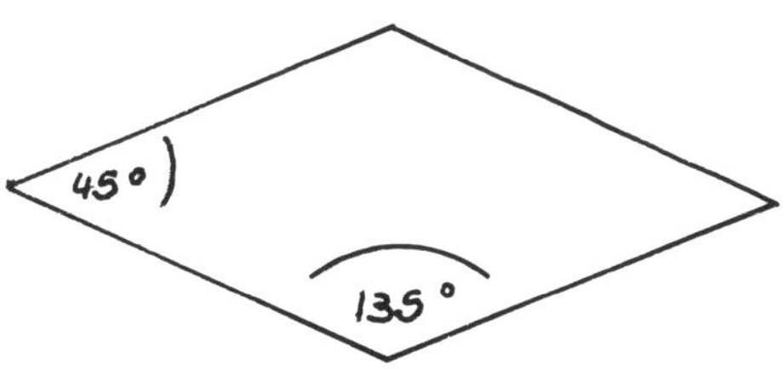

Abb. 228

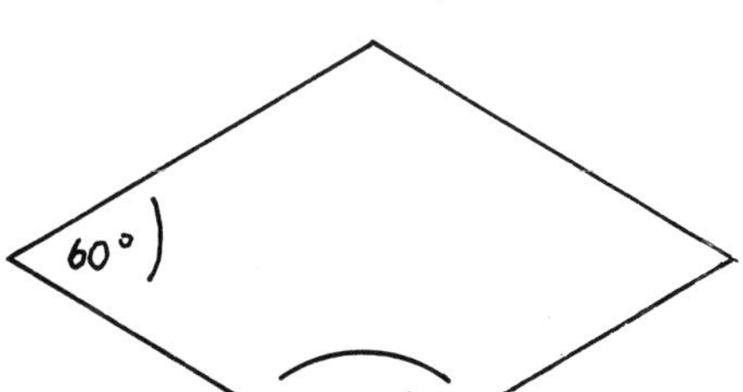

Abb. 229

Man konstruiert einen Diamanten mit Lineal und Winkelmesser. Er hat vier gleichlange Seiten. Es ist wichtig, dass man sorgfältig arbeitet, um eine massgerechte Schablone zu erhalten. Nachdem alle Stoffteile in Diamantform diagonale Schnittkanten enthalten, die sich beim Arbeiten leicht verziehen, ist die Passform der Schablone von besonderer Wichtigkeit.
Ein Rhombus hat, im Vergleich zum Diamanten, jeweils zwei Seiten von gleicher Länge. Man kann ihn leicht aus einem Rechteck konstruieren (Abbildung 232). Diese geometrische Figur wird häufig in Patchworkquadraten mitverwendet, und sie eignet sich in manchen Fällen für Quadrate, die eigentlich zum Arbeiten mit Diamanten vorgesehen waren. Der Quilt „Sommersterne" (Abbildung 78) wurde z. B. aus dem Quadrat „Eastern Star" gearbeitet, und ich benutzte Rhomben statt Diamanten, um die Sterne zusammenzufügen. Bei Rhomben muss man beim Zuschneiden des Stoffes beachten, dass diese Figur eine linke und eine rechte Seite hat und dass man diese Teile nicht gegeneinander austauschen kann.

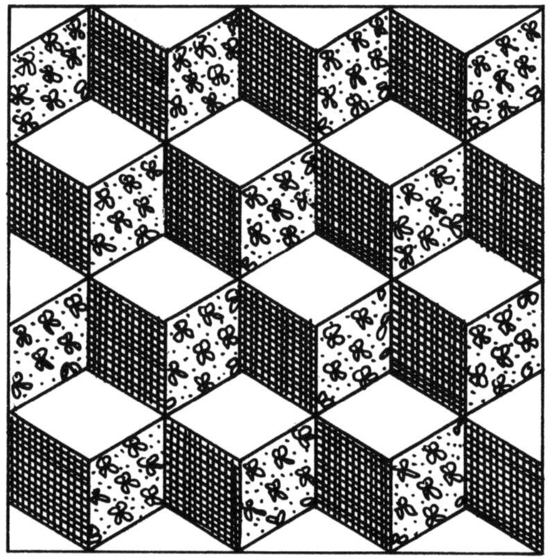

Abb. 230

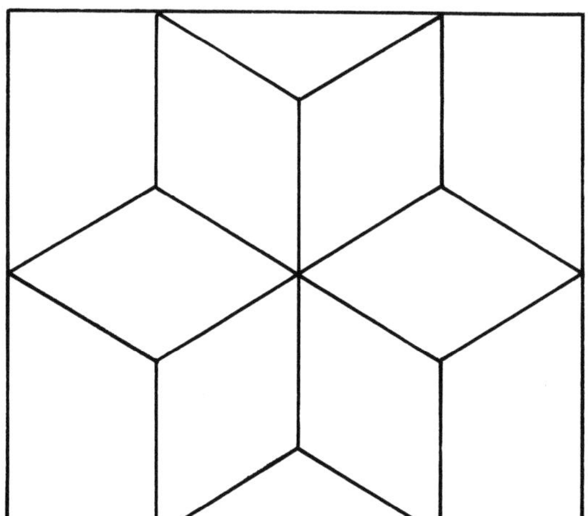

Abb. 231

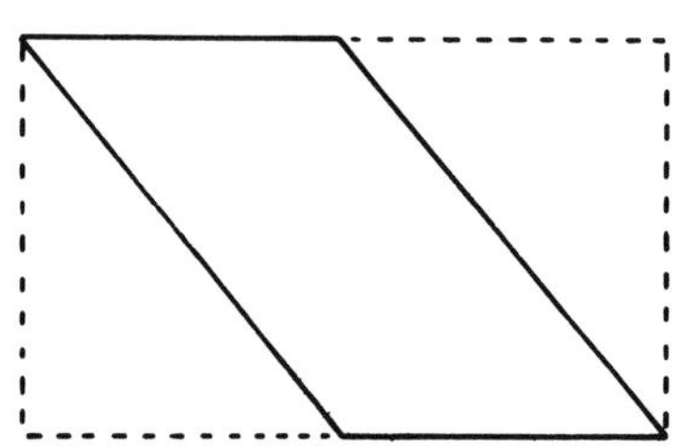

Abb. 232

Abb. 233 Sprühender Stern (Starburst). Baumwolle. Als Wiegendecke gedacht. 106 x 106 cm.
Pennsylvania, etwa 1900.
(Phyllis Haders, New York)

Das Sechseck eignet sich zur Kombination mit Diamanten. Es bietet aber auch alleinstehend viele schöne Entwürfe, die allerdings nur durch eine entsprechende Plazierung der verschiedenen Farben entstehen. In einer farblichen Gruppierung (Abbildung 234) ist es als „Grossmutters Blumengarten“ bekannt, wo einzelne, verschiedenfarbige Rosetten durch Kränze aus weissen Sechsecken voneinander getrennt werden. – Abbildung 235 veranschaulicht, wie beim Quadrat „Wabenmuster“ von einem Mittelpunkt aus verschiedenfarbige Stoffsorten kranzförmig arrangiert wurden. – Sechsecke und das „Baby Block“-Muster sind auch ideal, um interessante Seidenstoffreste oder ausrangierte Krawatten zur Geltung zu bringen. Zunächst muss man sich über das Gesamtformat des Quilt klar werden und dann die Grösse des Sechsecks hierauf abstimmen, um der geplanten Arbeit die bestmögliche Wirkung zu verleihen. – Um eine Sechseck-Schablone anzufertigen, beginnt man mit einem Kreis, der das Sechseck fasst. Mit der gleichen Spanne des Zirkels sticht man dann an einer beliebigen Stelle des Kreises ein und führt einen Bogen aus, der den ursprünglichen Kreis schneidet. Am Schnittpunkt sticht man wiederum mit dem Zirkel ein, führt wieder einen neuen Bogen aus, der erneut einen Schnittpunkt ergibt. Diesen Schritt wiederholt man, bis der Kreis in sechs Abschnitte eingeteilt ist. Dann verbindet man die einzelnen Schnittpunkte mit Linien, die, bei

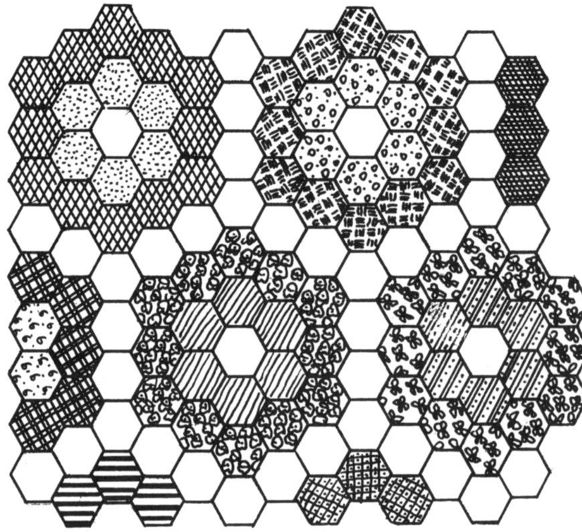

Abb. 234

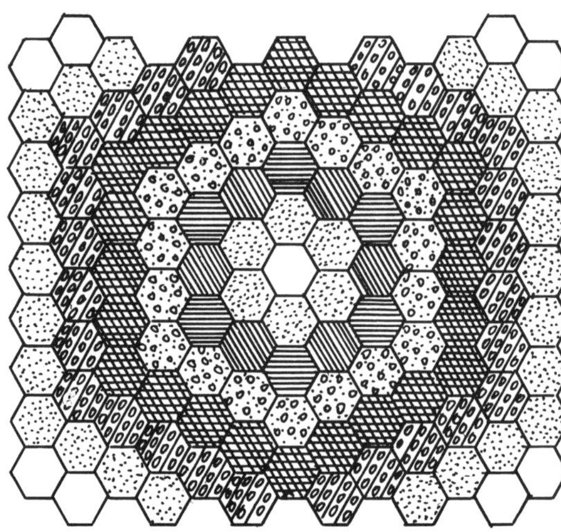

Abb. 235

Abb. 236 Kinder-Bausteine (Baby Blocks). Seide.
Herkunft unbekannt. Etwa 1880.
(Phyllis Haders, New York)

genauem Arbeiten, ein gleichseitiges Sechseck ergeben (Abbildung 237). Plant man eine grössere Quiltoberfläche, deren Wirkung von der Streuung der verschiedenen Farben abhängt, empfiehlt sich, zunächst einen Farbentwurf zu machen, an den man sich beim Nähen strikte hält. – Dies ist besonders wichtig, wenn man sich zum Nähen mit der Maschine entschliesst. Das Stücken mit der Maschine ist bei solchen geometrischen Figuren zwar durchaus möglich, aber ausgesprochen schwierig. Nur Experten sollten sich an eine solche Arbeit wagen! In dem Fall zeichnet man die Figur sorgfältig auf und fertigt eine Schablone mit Nahtzugabe an. Beim Ausschneiden der einzelnen Stoffteile werden alle Farben separat aufgehäuft, um sich somit das Nähen nach dem Farbentwurf zu erleichtern. Entschliesst man sich für das Nähen von Hand, erhält man die besten Resultate nach folgender altbewährter Methode:
Man macht eine Papierschablone der erwünschten Figur – Sechseck oder Diamant – in der richtigen Grösse und klebt sie auf Pappe auf. Dann umschreibt man die Figur, indem man sie in gleichmässigem Abstand um die Nahtzugabe vergrössert. Anschliessend schneidet man die Schablone aus und beginnt mit Zuschneiden der Einzelteile. Den geraden Fadenverlauf des Stoffes so gut wie möglich nutzen!
Die Stoffteile werden nun nach Farben und Drucken separat gestapelt, um später – beim Nähen – die Arbeit zu erleichtern.

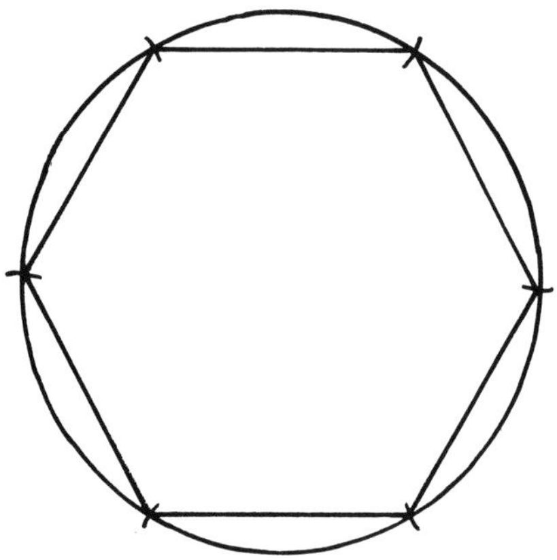

Abb. 237

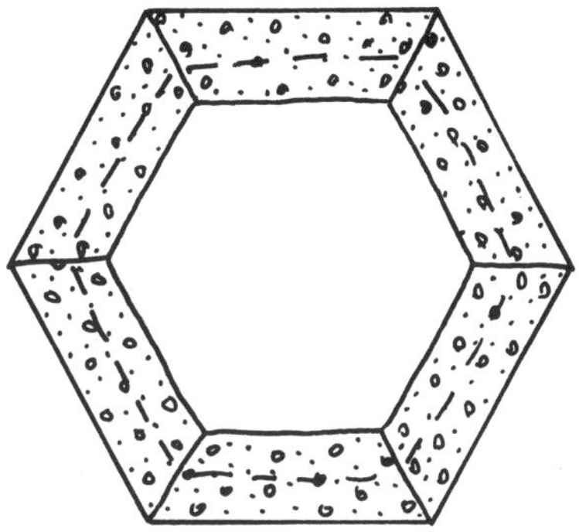

Abb. 238

Abb. 239

Damit die Figuren beim Nähen gut zusammenpassen, empfiehlt sich folgender Trick, der bereits in frühen Jahren von den Schöpfern der alten Quilts mit Erfolg angewendet wurde: Man benutzt für jeden Stoffteil eine Papiereinlage. – Für diesen Zweck erstellt man nochmals eine Papierschablone nach den genauen Massen ohne Nahtzugabe und schneidet nach dieser die gleiche Anzahl Papiereinlagen zu wie Stoffsechsecke.
Nun legt man eine Papiereinlage auf die linke Seite eines Stoffteils, schlägt die Nahtzugabe ganz sauber über das Papier und heftet die Lagen zusammen (Abbildung 238). Nach dem gleichen Schema fertigt man noch weitere Teile an, immer darauf achtend, dass man besonders die Ecken sauber umschlägt und heftet.
Die zwei gehefteten Stoffteile legt man mit den rechten Seiten aufeinander und näht sie an einer Seite überwendlich zusammen (Abbildung 239). Dann öffnet man diese Einheit und bügelt sie glatt. Nun fügt man in der gleichen Weise ein Teil an das andere. Auch hier sollte man wiederum den Ecken besondere Aufmerksamkeit schenken, damit die Näharbeit an diesen Stellen lückenlos ist. – Beim Nähen ist es weiterhin von grossem Vorteil, wenn man den Farbentwurf ständig verfolgt, damit die Teile in der richtigen Reihenfolge zusammentreffen. Denn es ist einfacher, zwei Stoffteile wieder zu trennen, als ändern zu müssen, wenn die Arbeit weit vorangeschritten ist.

Sobald man ein Stoffteil an allen Seiten mit anderen zusammengenäht und gebügelt hat, kann man den Heftfaden durchschneiden und die Papiereinlage entfernen. Wenn die gesamte Oberfläche fertig ist, näht man eine Borte an und heftet die fertige Arbeit mit einer Füllung und der Rückseite zusammen.
Zum Schluss verbindet man die drei Lagen mit vereinzelten Knoten oder Steppstichen, die die einzelnen geometrischen Figuren umrahmen. – Ein umfassendes Steppmuster eignet sich für diese Art Patchwork ebenso wenig wie für Quilts, die im „Log Cabin"-Muster oder „Crazy Quilt"-Stil gearbeitet wurden, weil man die intensive Wirkung der Oberfläche durch das Steppen kaum bereichern, aber leicht stören kann.

QUILTS MIT HANDGEARBEITETEN VERZIERUNGEN

Vor 200 Jahren bot der rauhe Alltag den amerikanischen Siedlerfrauen kaum Ausdrucksmöglichkeiten für verfeinerte Empfindungen. Die Handarbeit war fast der einzige Bereich, in dem sich zartere Gefühle niederschlagen konnten. Aus dieser Zeit stammen Quilts, die mit aussergewöhnlichen Handarbeiten verziert wurden. Sie erforderten enormes Geschick und Ausdauer. Oftmals vergingen viele Jahre, bis eine derart umfassende Arbeit fertiggestellt war. Im Gegensatz zu den Patchworkquilts reservierte man sich eine solche Handarbeit für freie Stunden, um Phantasien und Sehnsüchten freien Lauf zu lassen.
Glücklicherweise sind einige schöne Exemplare erhalten geblieben, die heute von Museen und Ausstellungen in aller Welt gewürdigt werden.
Die Kategorie der Handarbeit-Quilts umfasste unterschiedliche Techniken, die nachstehend kurz erläutert werden:

„White Work" (Weisse Arbeit)
bezieht seinen Namen vom Stoff, aus dem sie gearbeitet wurde. Für die Oberfläche verwendete man feingewebte Baumwolle, für die Rückseite gröbere Baumwolle oder Leinen
Eine relativ dünne Einlage wurde zwischen Vorder- und Rückseite eingeschoben. Auf der gesamten Rückseite zeichnete man ein Muster auf, das in feinsten Steppstichen mit weissem Faden nachgearbeitet wurde. Man kann diese Arbeit mit kunstvollen Zeichnungen vergleichen, nur dass sie mit Nadel und Faden ausgeführt wurden. Das Muster besteht meistens aus einem dekorativen zentralen Motiv, das von verschiedenen gesteppten Borten und häufig sogar von einem Gesamt-Steppmuster umgeben ist. Bestimmte Darstellungen, wie Herzen, Blumenkörbe, Ananas, Ranken, Blätter und federartige Verzierungen, waren typisch für die damalige Zeit. So überrascht es uns nicht, dass man ihnen in applizierten und gesteppten Arbeiten immer wieder begegnet.
„White Work"-Quilts wurden oft mit Initialen und Jahrzahlen versehen. Diese Information sagt nicht nur etwas über das Alter der Arbeit aus, sondern weckt auch unsere Neugier, mehr über den Grund dieser umfangreichen Liebesgabe zu erfahren (Abbildung 241).
Um eine solche Handarbeit anzufertigen, werden drei Stofflagen – Vorder- und Rückseite und Füllung oder eventuell Flanell als Einlage – zusammengeheftet. Das Steppmuster wird sorgfältig

auf der Rückseite aufgezeichnet. Man spannt die Arbeit in einen Rahmen ein und beginnt von der Mitte nach aussen verlaufend mit Steppen. Das Steppen sollte so exakt wie nur möglich erfolgen, da es die eigentliche Verzierung und somit wichtigster Bestandteil dieser Handarbeit ist. - Die Ränder werden entweder separat mit weissem Band versäubert, oder man schlägt die Vorderseite nach hinten um und näht sie fest.

„Trapunto" (italienische Stepperei)
war in Europa sowie den Staaten der USA während des 17. und 18. Jahrhunderts sehr beliebt. Es bestand aus einer besonders sorgfältig ausgeführten Stepperei, der man durch zusätzliche Wattierung Reliefwirkung verlieh. Diese Form der Handarbeit wurde häufig mit applizierten Arbeiten kombiniert oder bestand aus einem Muster, das die gesamte Oberfläche umfasste, ähnlich wie bei „White Work" (Abbildungen 177, 179, 242 und 243).
Plant man eine solche Arbeit, sollte man sich an folgende Technik halten: Zwei Stofflagen - feingewebte Baumwolle für die Vorderseite und locker gewebtes Material für die Rückseite - werden zusammengeheftet. Dann wird das Steppmuster auf der Rückseite aufgezeichnet und sehr sorgfältig nachgearbeitet. Um die Wattierung einschieben zu können, wird auf der Rückseite der jeweiligen Figur das lockere Gewebe des Stoffes mit Hilfe einer dicken Nadel an einer Stelle

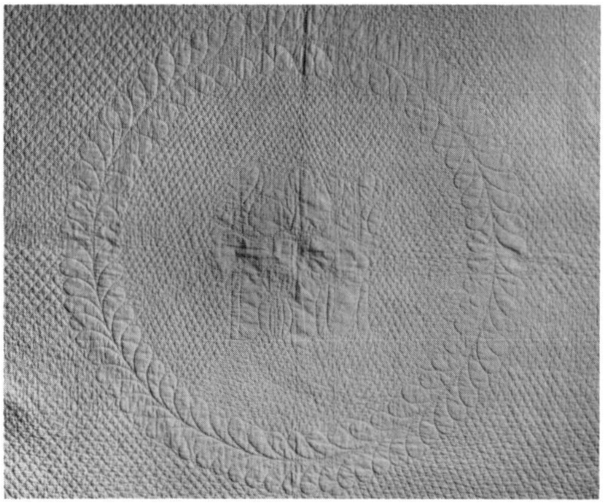

Abb. 240 Detail aus Abbildung 241

Abb. 241 Quilt mit Weissarbeit verziert (White Work Quilt). Im Mittelpunkt eingearbeitete Jahreszahl "1877". Connecticut 1877.
(Im Besitz der Autorin)

durchbrochen. Die entstandene Öffnung wird durch rotierende Bewegungen erweitert. Danach werden jeweils kleine Mengen Füllung oder Watte mit einer Häkelnadel hindurchgeschoben, bis die Polsterung hinreichend hoch wirkt (Abbildung 244). Nicht zuviel einlegen, weil Watte in nassem Zustand anschwillt und dadurch unter Umständen die Steppstiche zerreisst!

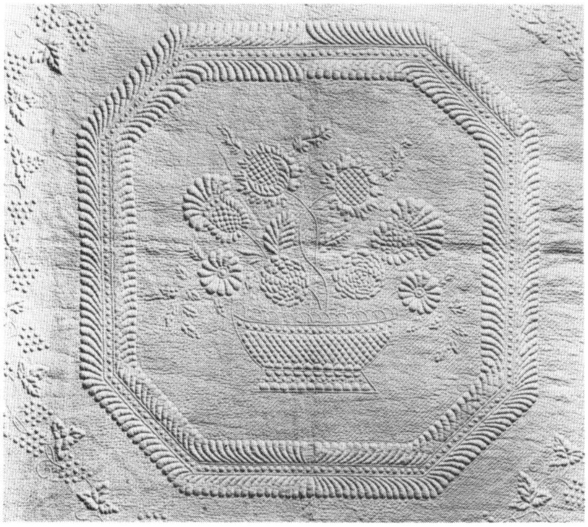

Abb. 242 Detail aus Abbildung 243

Abb. 244

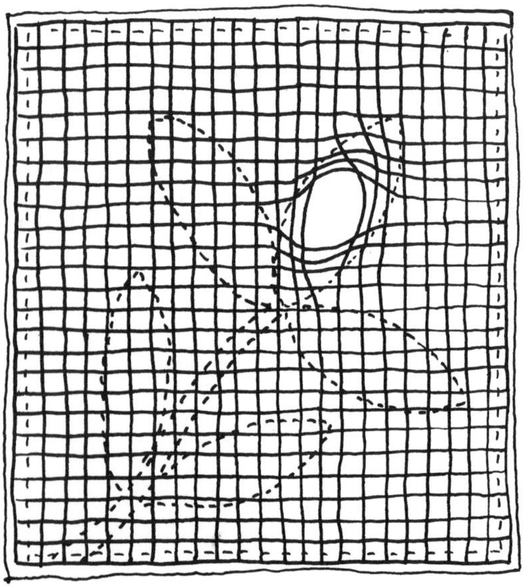

Abb. 243 Weisser Trapunto-Quilt. Gearbeitet von Lucy Foote. Etwa 240 x 225 cm. 1816.
(Stamford Historical Society, Inc.)

Abb. 245 Detail Erdbeer (Strawberry)-Quilt. Applikationen und Trapunto.
(Phyllis Haders, New York)

Anschliessend werden die Fäden wieder gleichmässig verteilt, wodurch sich die Öffnung schliesst. – Ist der Stoff zu eng gewoben und lassen sich die Fäden nicht weit genug auseinanderdrücken, bringt man auf der Rückseite einen kleinen Schnitt an, um die Wattierung hindurchzuschieben. Danach wird die Öffnung mit feinsten Stichen wieder verschlossen (Abbildung 246).

Besteht das Muster aus langen, schmalen Darstellungen, z.B. Ranken, so wird das Einlegen der Wattierung nach den eben beschriebenen Arten praktisch unmöglich. In einem solchen Fall benutzt man Garn oder Schnur, das in eine entsprechend starke Nadel eingefädelt wird. Man schafft eine kleine Öffnung, durch die man die Nadel einführt und zieht sie für einige Zentimeter durch die Arbeit. Wird der gerade Verlauf durch Rundungen oder Winkel unterbrochen, bringt man Nadel und Schnur auf der Rückseite (!) wieder nach aussen und führt sie in der veränderten Richtung des Musters wieder ein. An allen Austrittstellen lässt man die Schnur in einer kleinen Schlaufe hängen, damit man über einige Zentimeter Reserve verfügt, falls sie beim Waschen eingeht (Abbildung 247).

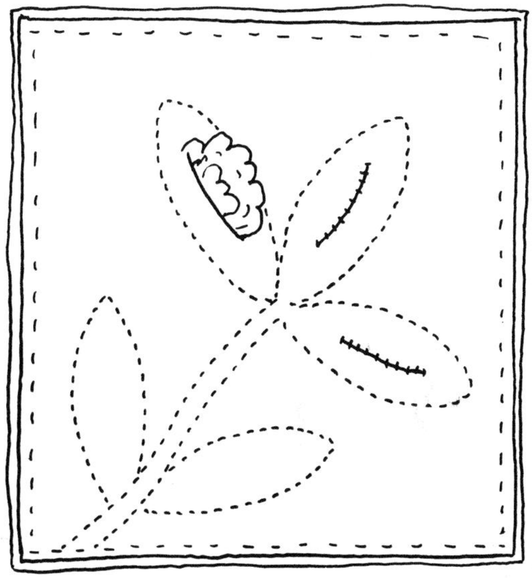

Abb. 246

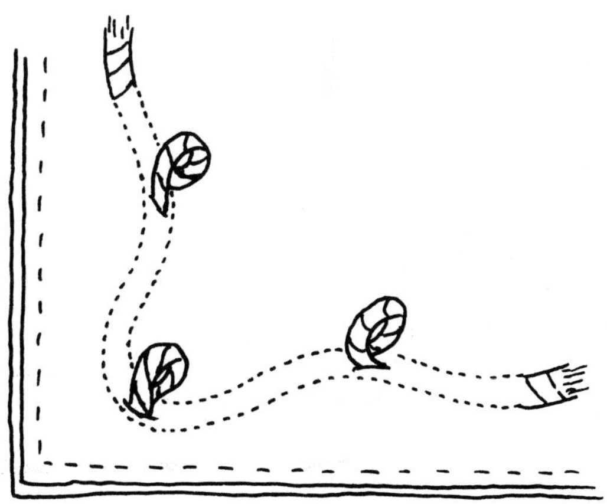

Abb. 247

Bestickte Quilts

Die frühen amerikanischen bestickten Quilts waren anfänglich vom englischen Stil beeinflusst. Die Motive lehnten sich an die exquisiten indischen, persischen und chinesischen Stickereien an. – Aus Mangel an Stickvorlagen und entsprechenden Materialien folgten die Siedlerfrauen ihren eigenen Entwürfen und arbeiteten mit Stoffen und Garnen, die ihnen zugänglich waren. Dadurch entstand ein eigener, typischer Stil, der dem Kenner den amerikanischen Ursprung verrät. Anfänglich waren die Arbeiten farblich sehr schlicht, bis es durch Entdeckung verschiedener natürlicher Farbstoffe gelang, die Stickgarne zu färben. – Für die Oberfläche benutzte man meist Baumwolle oder Leinen, selten Wolle, die damals noch als Zeichen des Wohlstandes galt.
Die Muster wurden meistens so ausgelegt, dass die gesamte Oberfläche eine Einheit bildete. Das Format war genau auf das Bett abgestimmt. – Die Designs bestanden entweder aus einem symmetrischen Motiv, das im Mittelpunkt ruhte, oder aus verschiedenen Figuren, die gleichmässig über die gesamte Oberfläche verteilt wurden. – Nur sehr selten wurden Quadrate separat bestickt und im Patchworkstil zusammengenäht.
Die reiche Stickerei wurde äusserst sorgfältig ausgeführt. Man verwendete verschiedene Stickstiche, vor allem aber den Blatt- und Stilstich.
Besondere Anleitungen für diese Arbeit benötigt eine geübte Näherin sicher nicht. Die Fülle der Gestaltungsmöglichkeiten für einen derartig ungewöhnlichen Quilt wäre ohnehin zu gross.

DIE PFLEGE DES QUILTS

Es muss ein Unterschied in der Pflege eines alten und eines neuen Quilt gemacht werden. – Hat man ein kostbares, altes Stück aus Seide, Samt oder Wolle geerbt oder gekauft, sollte man die beste chemische Reinigung ausfindig machen und zusätzliche Kosten nicht scheuen, damit die Qualität der Decke nicht beeinträchtigt wird. Hat man Zweifel, setzt man sich am besten mit einem Textilmuseum in Verbindung, das kompetente Firmen auf diesem Gebiet nennen kann.
Ein alter Quilt aus Baumwolle kann oder sollte sogar gewaschen werden, solange es die Stoffe zulassen. Hat man den Eindruck, dass sie bereits brüchig werden, muss man davon absehen. Ein Quilt wird zwar beim Waschen sauberer als beim Reinigen, dafür ist aber die Abnutzung sehr viel grösser. Alte Quilts niemals mit der Maschine waschen und immer erst eine Probe der Farbechtheit der Stoffe vornehmen. Dies geschieht am besten in einer Ecke des Quilts.

Zum Waschen weicht man den Quilt für einige Minuten in lauwarmem Wasser und mildem Waschmittel in der Badewanne ein und versucht dann den Schmutz durch sanftes Drücken zu lösen. Danach lässt man das Wasser ab, ohne die Decke zu entfernen! Das Gewicht der nassen Decke könnte zu Stoff- und Fädenrissen führen. Der Quilt wird in frischem Wasser vorsichtig gedrückt und bewegt, um ihn durchzuspülen, dann wird das Wasser wiederum abgelassen. Diesen Vorgang wiederholt man etwa fünfmal, bis man sicher ist, dass die Decke völlig sauber und seifenfrei ist. Man lässt sie in der Wanne für einige Minuten liegen, bis der grösste Teil des Wassers abgelaufen ist und sich dadurch das Gewicht verringert hat (man kann durch vorsichtiges Drücken etwas nachhelfen). Die Decke nicht unnötig lange in feuchtem Zustand liegen lassen! Es kann immer noch die Gefahr des Verlaufens der Farben bestehen. – Dann wird sie auf dem Rasen oder auf zwei parallel gespannten Leinen getrocknet.
Patchwork- und Quiltarbeiten, die man heute anfertigt, sind vor dem Nähen bereits auf Farbechtheit geprüft worden. Man kann sie also mit mildem Waschmittel im Schongang in der Maschine waschen und sogar maschinell antrocknen (die synthetische Füllung wird im Trockner bauschiger). Ich betone *an*trocknen, denn: Synthetische Gewebe sind hitzeempfindlich. Es könnte also passieren, dass die Füllung unter zu grossem Hitzeeinfluss schmilzt. – Quilts, die im Format das

Fassungsvermögen der Maschine übersteigen, sollten wie alte Decken in der Badewanne gewaschen und danach hängend oder liegend getrocknet werden.
Quilts niemals bügeln! Erstens besteht wiederum die Gefahr, dass sich die synthetische Füllung unter der Hitzeeinwirkung verändert, und zweitens würde man den bauschigen Effekt zerstören, der durch das Steppen hervorgerufen wurde.

Im Idealfall sollten Quilts benutzt werden. Sowohl auf einem Bett als auch als Wandbehang sind sie einer gleichmässigen Luftbewegung ausgesetzt, und sie bekommen keine schadhaften oder verblichenen Stellen durch Falten oder Einfluss von Feuchtigkeit und ungleichmässigem Licht. – Direktes Sonnenlicht sollte man jedoch auf die Dauer vermeiden. Alle Farben, selbst die unempfindlichsten, reagieren auf Sonneneinstrahlung und verbleichen. – Hat man eine grössere Zahl von Quilts, die nicht oft gezeigt werden, sollte man sie mit Zwischenlagen von Seidenpapier zusammenlegen und so aufbewahren. Plastikhüllen sind ungeeignet, weil sie das Atmen der Stoffe verhindern und weil sich Feuchtigkeit ansammelt und Stockflecken hervorrufen kann. – Mottenkugeln aufhängen! Motten und Silberfischchen können einen grossen, nie wieder gutzumachenden Schaden anrichten.
Man kann Quilts auch auf grosse, mit Stoff umwickelte Holzrollen aufrollen und sie je nach Platz liegend oder stehend aufbewahren. Diese Methode wird von vielen Sammlern bevorzugt, weil die Decken so keine Faltstellen bekommen, die auf die Dauer Brüchigkeit des Stoffes hervorrufen können. – Quilts sollten zweimal im Jahr im Freien ausgeschüttelt und gelüftet werden. Danach werden sie wieder aufgerollt oder anders zusammengelegt, um die alten Bruchstellen nicht zu intensivieren.

QUILT-KLASSIFIKATIONEN

Amish Quilts
Arbeiten der Amish people (eine Sekte), die vom Muster her relativ einfach sind, sich aber durch aussergewöhnliche, intensive Farbkombinationen und kunstvolle, umfangreiche Stepperei auszeichnen.

Applikationsquilts
Arbeiten mit figürlichen Darstellungen aus Stoffteilen, die auf eine Unterlage appliziert werden.

Brautquilt
Traditionsgemäss brachte früher ein junges Mädchen 13 selbst angefertigte Quilts mit in die Ehe. Beim 13. wurde bei der Wahl des Entwurfs, des Materials und der Ausführung die allergrösste Sorgfalt angewendet. Freunde halfen mit beim Steppen, und die Decke wurde als Kostbarkeit in hohen Ehren gehalten.

„Crazy Quilts" Flickendecken
Decken, die durch das willkürliche Aufnähen unterschiedlich grosser, verschiedenfarbiger Stoffstücke entstehen und sich an keinen Entwurf halten.

Erinnerungsquilt
Als Zeichen der Trauer wurden Stoffteile der Kleidung eines Verstorbenen zu einem Erinnerungsgegenstand zusammengenäht.

Freiheitsquilt
Junge Männer traten früher im Alter von 21 Jahren in die Welt der Erwachsenen ein. Oftmals wurde dieser bedeutende Schritt mit einem sehr persönlichen Geschenk – einem Quilt – gewürdigt.

Freundschaftsquilt
Ein Geschenk für eine besondere Gelegenheit, an dem ein Kreis von Freunden gemeinsam arbeitete. Jedes Quadrat wurde von einem der Freunde separat entworfen, gearbeitet und signiert und erst dann zur Decke zusammengenäht und gesteppt.

Patchwork - Piecework
Einem Entwurf entsprechend werden kleine, geometrische Stoffteile aneinandergenäht, um ein grösseres Stoffstück – die Patchworkoberfläche – zu schaffen.

Stickereiquilt
Die Oberfäche wurde mit exquisiter Stickerei verziert und anschliessend mit feinster Stepperei kombiniert.

„Trapunto"-Quilt
Zwei Stofflagen – jeweils eine Vorder- und eine Rückseite – wurden mit einem feinen Steppmuster versehen, dem man durch rückseitiges Einschieben von Wattierung eine Reliefwirkung verlieh. Diese Technik wurde häufig auch in Kombination mit Applikationen angewandt.

„Weisse Arbeit" White Work Quilt
Erst wenn man sich seiner handwerklichen Fähigkeiten vollkommen sicher war, begann man eine solche Arbeit, die ausserordentliche Fertigkeiten erforderte. – Zwei weisse Lagen Stoff mit einer dünnen Einlage wurden zusammengeheftet und in einem sehr sorgfältig geplanten, vorgezeichneten Muster gesteppt.

LITERATUR

Armand-Delille Diane/Bourrellis Marie-Caroline: Patchwork - das genähte Mosaik.
Frankfurt/M-Berlin-Wien 1978

Bishop, Robert: New Discoveries in American Quilts.
New York 1975

Bishop, Robert/Safanda, Elizabeth: A Gallery of Amish Quilts.
New York 1976

Chase, Pattie/Dolbier, Mimi: The Contemporary Quilt.
New York 1978

Colby, Averil: Patchwork.
New York 1958

Colby, Averil: Quilting.
New York 1971

Cooper, Patricia/Bradley Buferd, Norma: The Quilters. Women and Domestic Art.
Garden City, N.Y. 1978

Finley, Ruth: Old Patchwork Quilts and the Women who made them.
Newton Center, Mass. 1970

Gillon Jr., Edmund V.: Geometric Design and Ornament.
New York 1969

Goodman, Liz/Joiner, Susan: Kreatives Patchwork.
Ravensburg 1977

Green, Sylvia: Patchwork - Alte Kunst - neues Hobby.
Stuttgart 1975

Gutcheon, Beth: The Perfect Patchwork Primer.
Baltimore, Md. 1974

Haders, Phyllis: Sunshine and Shadow.
New York 1976

Heard, Audrey/Pryor, Beverly: The Complete Guide to Quilting. Creative Home Library.
Des Moines, Iowa 1974

Hinson, Dolores: Quilting Manual.
New York 1980

Holstein, Jonathan: American Pieced Quilts.
Lausanne 1972

Ickis, Marguerite: The Standard Book of Quilt Making and Collecting.
New York 1949

James, Michael: The Quiltmaker's Handbook.
Englewood Cliffs, N.J. 1978

Kapp, Capt. Kit S.: Mola Art.
Cincinnati, Ohio 1972

Lewis, Alfred Allan: The Mountain Artisans Quilting Book.
New York 1973

- The McCall's Book of Quilts.
London 1977

Niedl, Dorothea: Adventures in Patchwork.
London 1975

Peto, Florence: Historic Quilts.
New York, N.Y. 1939

Rattazzi, Iliaria: Patchwork.
München-Wien 1979

Safford, Carleton L./Bishop, Robert: America's Quilts and Coverlets.
New York 1972

Schäpper, Lind P.: Patchwork.
Ravensburg

Svennas, Elsie: Advanced Quilting.
London 1980

Symons, M. and Preece, L.: Needlework Through the Ages.
London 1928

The Quilt Engagement Calendar: New York

Webster, Marie D.: Quilts - Their Story and how to make them.
New York

Wilson's Erica: Quilts of America.
Birmingham

Kulturgeschichte / Nachschlagewerke

Kostüm und Mode – Das Bildhandbuch
Mit weit über 1000 farbigen Abbildungen liegt hier das Bildhandbuch über die Mode des Abendlandes vor: von der Kleidung Altägyptens bis zu allerjüngsten Pariser Entwürfen einen Zeitraum von 4000 Jahren umspannend.
Von J. Peacock
224 Seiten,
über 1000 farbige Abbildungen
Fr. 72.–/DM 83.–/öS 648.–
ISBN 3-258-04481-3

Die Mode des 20. Jahrhunderts – Das Bildhandbuch
In Ergänzung zu seinem ersten, erfolgreichen Buch, zeichnet John Peacock in diesem faszinierenden Bildband die Entwicklung der Modeströmungen unseres Jahrhunderts auf. Die Spannweite reicht von der «Haute Couture» über Abendkleider, Tages- und Sportbekleidung zur Wäsche- und Brautmode.
Von J. Peacock
240 Seiten, 1100 farbige Abbildungen
Fr. 74.–/DM 83.–/öS 648.–
ISBN 3-258-04751-0

Textile Strukturen
Eine Systematik der Techniken aus aller Welt, die das faszinierende Zusammenspiel von Material und Technik anhand eingehender Detailstudien veranschaulicht.
Von P. Collingwood
164 Seiten, 112 Abbildungen,
163 Zeichnungen
Fr 65.–/DM 78.–/öS 609.–
ISBN 3-258-03920-8

Webkunst aus verschiedenen Kulturen
Ein Überblick über Färben, Spinnen, Weben einzelner Kulturen in Nord-, Mittel- und Südamerika, im Nahen Osten, in Westafrika und in Asien.
Von A. Hecht
208 Seiten, 133 Abbildungen,
40 Zeichnungen
Fr. 72.–/DM 83.–/öS 648.–
ISBN 3-258-04451-1

Traditionelle indische Textilien
Ein reich illustrierter Führer durch die faszinierende Vielfalt indischer Textilien: Geschichte, Materialien, Verfahren.
Von J. Gillow und N. Barnard
160 Seiten, 195 Abbildungen, 4 Karten
Fr. 62.–/DM 69.–/öS 538.–
ISBN 3-258-04364-7

Bestickte Textilien aus fünf Kontinenten
Das Handbuch und Nachschlagewerk zum Thema Bestickte Textilien: Erkennungsmerkmale, Analyse und Symbolik von Motiven, Sammlungen, Glossar, Bibliographie.
Von S. Paine
192 Seiten, 171 farbige Abbildungen,
108 Zeichnungen
Fr. 69.–/DM 79.–/öS 616.–
ISBN 3-258-04356-6

Das grosse Buch der Perlen
Ein Leitfaden mit vielen praktischen Anregungen zum Gestalten von Schmuck.
Von J. Coles und R. Budwig
125 Seiten, 150 farbige Abbildungen,
Fr. 48.–/DM 55.–/öS 429.–
ISBN 3-258-04269-1

Nadel – Faden – Fingerhut
Eine illustrierte Geschichte des Nähzubehörs
Von G. A. Rogers
265 Seiten, 200 Abbildungen
Fr. 68.–/DM 78.–/öS 609.–
ISBN 3-258-03556-3

Entwerfen und Gestalten

Textiles Entwerfen und Gestalten
Von K. Jerstorp und E. Köhlmark
158 Seiten, 164 Abbildungen,
294 Zeichnungen
Fr. 59.–/DM 68.–/öS 531.–
ISBN 3-258-04211-X

Spinnen

Das Ashford-Spinnbuch
Von A. Field
147 Seiten, 157 Abbildungen, 9 Grafiken,
6 Tabellen, Fr. 27.–/DM 32.–/öS 250.–
ISBN 3-258-04010-9

Weben

Weben für Anfänger
Ein praktischer Lehrgang zum Weben von Stoffen und Teppichen mit einfachen Techniken.
Von C. Jobin
91 Seiten, 131 Zeichnungen
Fr. 22.–/DM 25.–/öS 195.–
ISBN 3-258-03078-2

Einfaches Weben
Eine Anleitung nach den Mustern und der Technik der Indianer Guatemalas.
Von R. und H. Riedinger
144 Seiten, 84 Abbildungen,
10 Zeichnungen
Fr. 39.–/DM 44.–/öS 343.–
ISBN 3-258-02960-1

Das grosse Webbuch
Ein unentbehrliches Standardwerk für den Anfänger wie für den Webkundigen.
Von L. Lundell
3. Auflage. 357 Seiten, 565 Abbildungen
Fr. 48.–/DM 58.–/öS 453.–
ISBN 3-258-02747-1

Muster zum Handweben
Farbige Vorlagen mit Anleitungen zum Weben von Kleider- und Möbelstoffen, Tisch- und Küchenwäsche, Teppich- und Dekorationsstoffen.
Von M. Duchemin
155 Seiten, 60 farbige Abbildungen
Fr. 32.–/DM 39.–/öS 304.–
ISBN 3-258-03104-5

Faszination Weben
Über das herkömmliche Wissen der Bindungslehre hinaus werden Gewebe entwickelt, die gleichzeitig aufregend und technisch einwandfrei sind.
Von A. Sutton und D. Sheehan
160 Seiten, 104 Abbildungen,
22 Zeichnungen,
Fr. 69.–/DM 79.–/öS 616.–
ISBN 3-258-04200-4

Bindungslehre – Ein Webmusterbuch
Eine Anleitung zum Aubau von Bindungen für Tisch und Handwebstühle bis 8 Schäfte und 10 Tritte.
Von R. Buff
175 Seiten, 21 Abbildungen,
322 Zeichnungen
Fr. 45.–/DM 54.–/öS 425.–
ISBN 3-258-03439-7

Bindungen zum Handweben
Von A. Sutton
192 Seiten, 220 Abbildungen,
151 Zeichnungen,
Fr. 58.–/DM 68.–/öS 531.–
ISBN 3-258-03844-9

44 Gewebe aus einer einzigen Kette
Mit vielen Anwendungsbeispielen für Anfänger und Fortgeschrittene.
Von L. Svensson
112 Seiten, 64 farbige Abbildungen
Fr. 34.–/DM 40.–/öS 312.–
ISBN 3-258-03501-6

Gobelinweben
Geschichte – Technik – Methode
Von P. Dietz
139 Seiten, 75 Abbildungen,
44 Zeichnungen,
Fr. 29.–/DM 34.–/öS 265.–
ISBN 3-258-03185-5

Weben mit Brettchen
Geschichte – Technik – Material – Muster
Von C. Crockett
141 Seiten, 34 farbige Abbildungen,
183 Zeichnungen, in Karton
mit 24 Webkarten
etwa Fr. 53.–/DM 59.–/öS 460.–
ISBN 3-258-04729-4

Brettchenweben
Eine Anleitung zum Bänderweben mit vielen Beispielen textiler Strukturen aus Vergangenheit und Gegenwart.
Von M. Und H. Joliet-van den Berg
179 Seiten, 117 Abbildungen,
19 Zeichnungen
Fr. 48.–/DM 53.—/öS 414.–
ISBN 3-258-02388-3

Sticken

Kreuzstichmuster in geometrischen Formen
Von I. Bergfeldt
64 Seiten, 28 farbige Abbildungen,
39 Zeichnungen
Fr. 23.–/DM 27.50/öS 215.–
ISBN 3-258-3952-6

Kreatives Sticken
Die Autorin demonstriert, wie selbst die Anfängerin Stoffe und Garne schöpferisch und mit Gespür verarbeiten kann.
Von J. Barton
143 Seiten, 177 farbige Abbildungen,
33 Zeichnungen, Fr. 39.–/DM 46.–/öS 359.–
ISBN 3-258-04192-X

Sticken auf Stramin
Von P. Field und J. Linsley
128 Seiten, 247 Abbildungen
Fr. 38.–/DM 43.–/öS 336.–
ISBN 3-258-04340-X

Dekoratives Maschinensticken
Von G. Harker
128 Seiten, 155 farbige Abbildungen
Fr. 38.–/DM 43.–/öS 336.–
ISBN 3-258-04330-2

Kreuzstichmuster
Rosen und blühende Zweige
Von G. Bengtsson
63 Seiten, 65 Abbildungen
Fr. 22.–/DM 26.–/öS 203.–
ISBN 3-258-03612-8

Dänische Kreuzstichmuster
Von G. Bengtsson
4. Auflage. 79 Seiten, 76 Abbildungen
Fr. 17.–/DM 19.80/öS 155.–
ISBN 3-258-02938-5

Schwedische Kreuzstichmuster
Von S. T. Nilsson
72 Seiten, 71 farbige Abbildungen
18 Zeichnungen
Fr. 17.–/DM 19.–/öS 148.–
ISBN 3-258-02939-3

Weihnachtliche Kreuzstichmuster aus Dänemark
4. Auflage. 80 Seiten, 12 farbige Abbildungen, 40 Zeichnungen
Fr. 21.–/DM 24.–/öS 187.–
ISBN 3-258-04147-4

Komm, wir sticken
Von H. Haupt-Battaglia
7. Auflage. 202 Seiten, 206 Abbildungen
Fr. 32.–/DM 37.–/öS 289.–
ISBN 3-258-02284-4

Zeitloses Sticken
Von H. Haupt-Battaglia
3. Auflage. 144 Seiten, 126 Abbildungen
Fr. 32.–/DM 37.–/öS 289.–
ISBN 3-258-02285-2

Kreuzstichmuster Alpenblumen
Von M. Akkerman
39 Seiten, 8 farbige Abbildungen
8 Zeichnungen, Fr. 15.–/DM 17.–/öS 133.–
ISBN 3-258-03074-X

Buchstaben-Sticken
Anleitung und Anregungen für Kreuzstich-Arbeiten: ABC-Mustertücher, Wandbehänge, Puppenkleidchen, Tischtücher und Säcke mit zahlreichen Abbildungen und vollständigen Musterbogen.
Von H. Vogler-von Känel
95 Seiten, 52 Abbildungen,
5 Zeichnungen, 4 Musterbogen
Fr. 29.–/DM 35.–/öS 273.–
ISBN 3-258-03603-9

Kreative Smokarbeit
Von A. Andrew
128 Seiten, 104 farbige Abbildungen,
74 Zeichnungen, Fr. 38.–/DM 43.–/öS 336.–
ISBN 3-258-04331-0

Klöppeln

Klöppeln
Eine alte Handarbeit neu belebt. Ein gründlicher Lehrgang in Wort und Bild mit vielen Anregungen, Beispielen und den nötigen Musterbriefen. Im Anhang fünf Bogen mit 86 Musterbriefen für die praktische Anwendung.
Von K. Egger
4. Auflage. 138 Seiten, 134 Abbildungen,
61 Zeichnungen, 88 Musterbriefe
Fr. 39.–/DM 47.–/öS 367.–
ISBN 3-258-04100-8

Klöppelspitzen
Eine ausführliche Darstellung über die unterschiedlichen Arten ihrer Fertigung und ihre Charakterisierung. Mit genauen Arbeitsanleitungen für 54 Muster in Wort und Bild einschliesslich Klöppelbrief
Von B. Bellon
2. Auflage. 100 Seiten, 83 Abbildungen,
84 Zeichnungen
Fr. 42.–/DM 49.–/öS 382.–
ISBN 3-258-04838-X

Handbuch der Klöppeltechnik
Von B. M. Cook
278 Seiten, 43 Abbildungen,
702 Zeichnungen, Fr. 59.–/DM 69.–/öS 538.–
ISBN 3-258-04145-8

Brügger-Blumen-Klöppelspitzen
Von E. Sutton
130 Seiten 147 Abbildungen
Fr. 39.–/DM 46.–/öS 359.–
ISBN 3-258-04194-6

Brügger Blumen
Von J. E. H. Rombach-de Kievid
62 Seiten, 35 Abbildungen,
159 Zeichnungen, Fr. 24.–/DM 29.–/öS 226.–
ISBN 3-258-03812-0

Anspruchsvolles Klöppeln
Ein ausführlicher Lehrgang zum Klöppeln englischer Spitzen.
Von P. Nottingham
277 Seiten, 109 Abbildungen,
183 Zeichnungen, 77 Briefe
Fr. 39.–/DM 46.–/öS 359.–
ISBN 3-258-03193-2

Flandrische Spitze
Von J. E. H. Rombach- de Kievid
78 Seiten, 60 Abbildungen, 116 Zeichnungen, Fr. 27.80/DM 31.80/öS 248.–
ISBN 3-258-04162-8

Färben / Batik

So färbt man mit Pflanzen
Ein Werkbuch zum Färben von Schafwolle mit vielen praktischen Hinweisen, Rezepten, Abbildungen, einem Pflanzenatlas und einem Lehrgang zum Spinnen und Karden.
Von E. Bächi-Nussbaumer
3. Auflage. 154 Seiten, 77 Abbildungen
Fr. 39.–/DM 44.–/öS 343.–
ISBN 3-258-02975-X

Die Kunst des Färbens
mit natürlichen Stoffen. Geschichte – Methoden – Rezepte
Von L. Nencki
257 Seiten, 165 Abbildungen
Fr. 68.–/DM 78.–/öS 609.–
ISBN 3-258-03330-7

Batik – Harmonie mit Wachs und Farbe
Ein Werkbuch mit einem historischen Überblick, ausführlichen Arbeitstechniken sowie vielen einfachen und anspruchsvollen Beispielen zur Inspiration.
Von A. Ursin und K. Kilchenmann
150 Seiten, 96 Abbildungen
Fr. 44.–/DM 49.–/öS 382.–
ISBN 3-258-02796-X

Batiken auf Seide
mit Naturfarben. Ein umfassendes Lehrbuch mit vielen Rezepten zur Herstellung und Anwendung von Naturfarben in der Batik.
Von D. Berger
80 Seiten, 67 Abbildungen
Fr. 34.–/DM 40.–/öS 312.–
ISBN 3-258-03497-4

Batiken mit Naturfarben
auf Baumwolle, Leinen, Holz, Eiern, Papier. Ein umfassendes Lehrbuch zur Herstellung und Anwendung von Naturfarben in der Batik. Mit einer Sammlung alter Rezepturen aus aller Welt.
Von E. Reichert
92 Seiten, 33 Abbildungen
Fr. 34.–/DM 40.–/öS 312.–
ISBN 3-258-03378-1

Handbuch der Färbetechniken
Ein Anleitungsbuch zum Färben von Materialien aller Art.
Von A. Milner
Etwa Fr. 71.–/DM 79.–/öS 616.–
ISBN 3-258-04740-5